Ulrike Handel

Die Fragmentierung des Medienpublikums

Ulrike Handel

Die Fragmentierung des Medienpublikums

Bestandsaufnahme und empirische Untersuchung eines Phänomens der Mediennutzung und seiner Determinanten

Westdeutscher Verlag

Die Deutsche Bibliothek – CIP-Einheitsaufnahme
Ein Titeldatensatz für diese Publikation ist bei
Der Deutschen Bibliothek erhältlich

1. Auflage November 2000

Lektorat: Dr. Tatjana Rollnik-Manke

Der Westdeutsche Verlag ist ein Unternehmen der
Fachverlagsgruppe BertelsmannSpringer.

www.westdeutschervlg.de

Höchste inhaltliche und technische Qualität unserer Produkte ist unser Ziel. Bei der Produktion und Verbreitung unserer Bücher wollen wir die Umwelt schonen. Dieses Buch ist auf säurefreiem und chlorfrei gebleichtem Papier gedruckt. Die Einschweißfolie besteht aus Polyäthylen und damit aus organischen Grundstoffen, die weder bei der Herstellung noch bei der Verbrennung Schadstoffe freisetzen.

Umschlaggestaltung: Horst Dieter Bürkle, Darmstadt
Druck und buchbinderische Verarbeitung: Rosch-Buch, Scheßlitz
Printed in Germany

ISBN 3-531-13604-6

Für meine Eltern

Es war damals selbstverständlich, daß man Wetten, daß...? mit Frank Elstner guckte, niemals wieder hatte man in späteren Jahren solch ein sicheres Gefühl, zu einem bestimmten Zeitpunkt genau das Richtige zu tun. (...) Wenn ich gesehen hatte, wie ein Gabelstapler auf vier Biergläsern zum Stehen kam und ein schrulliger Schweizer Biermarken am Schnappen der Deckel erkannte, konnte ich mit dem wunderbaren Gefühl einschlafen, am Montag in den Schulpausen mitreden zu können.

(Illies, 2000, S. 9-10)

Inhalt

1. Fragmentierung – Annäherungen an ein Phänomen

Der Fragmentierungsbegriff hat derzeit Konjunktur.[1] Er dringt in die Alltagssprache und in den Sprachgebrauch der Politik, Wirtschaft, Kultur und Medien ein (vgl. Kammann, 1999, S. 3). Fragmentierung steht dabei zunächst ganz allgemein für eine Situation, in der die Gesellschaft keine gemeinsamen Medienerfahrungen mehr teilt, weil sich ihre Mitglieder unterschiedlichen Angeboten im Medienmarkt zuwenden (z.B. Holtz-Bacha & Peiser, 1999). Fragmentierung wird dabei vorwiegend als gesellschaftlich dysfunktional und als unerwünschtes Problem bewertet. Der Begriff ist dementsprechend negativ konnotiert. Dies liegt an den mutmaßlichen negativen Folgen des Phänomens,[2] über die öffentlich sehr heftig diskutiert wird (vgl. z.B. Bild, 1998, S. 11; Cuilenburg, 1998, S. 80; Hoffmann, 1998, S. 433; Hoffmann-Riem, 1997, S. 47; Holtz-Bacha, 1997, S. 13; Jarren, 1998, 2000; McQuail, 1994, 1997; Neuman, 1991; Schulz, 1998; Webster, 1986; S. 83; Zipfel, 1998). Was ist so schlimm an der Fragmentierung?

Als *Folge* der fragmentierten Mediennutzung, so die Befürchtungen, gibt es immer weniger Menschen, die das gleiche gesehen, gehört oder genutzt haben. Die Gesellschaftsmitglieder sind dadurch unterschiedlich informiert und haben keine gemeinsamen Medienerfahrungen. Dadurch entstehen zunehmend voneinander abgeschottete Teilöffentlichkeiten mit unterschiedlichen Wissensbeständen und Themenagenden, so daß in der Gesellschaft die gemeinsame Basis für Gespräche der Gesellschaftsmitglieder untereinander abhanden kommt (vgl. Charlton & Klemm, 1998; Cuilenburg, 1998; S. 80; Jarren, 2000, S. 23; Mast, 1997,

1 In den USA wird die Fragmentierung bereits seit Ende der 60er Jahren diskutiert (Dominick, 1987; Maisel, 1973; DeFleur, 1979; Merrill & Lowenstein, 1971; Toffler, 1980).

2 Ich verbinde mit Fragmentierung an dieser Stelle noch bewußt den Begriff "Phänomen", d.h. etymologisch "etwas, was als Erscheinungsform auffällt, ungewöhnlich ist" (Drosdowski, 1982, S. 586), um den vieldeutigen Charakter des Problems und die Aufmerksamkeit, das ihm in der Öffentlichkeit zukommt, herauszustellen.

S. 223). Dadurch werden abnehmende Kontakte mit Andersdenkenden, also anderen gesellschaftlichen Gruppen befürchtet (vgl. Holtz-Bacha, 1997, S. 16; McQuail, 1994, 1997, S. 133; Meyn, 1996, S. 14; Noam, 1996, S. 40; Schulz, 1999, S. 92; Stolte, 1998a, S. 19). Die Herausbildung voneinander getrennter Rezipientenfragmente wird nach dieser Hypothese zur Kommunikationsbarriere für die Gesellschaft und fördert die „Zersplitterung des öffentlichen Diskurses" (Dahm, Rössler & Schenk, 1998, S. 119). Das folgende Schaubild veranschaulicht diese Argumentationskette (vgl. Holtz-Bacha & Peiser, 1999):

Schaubild 1: Die mutmaßlichen Folgen der Fragmentierung

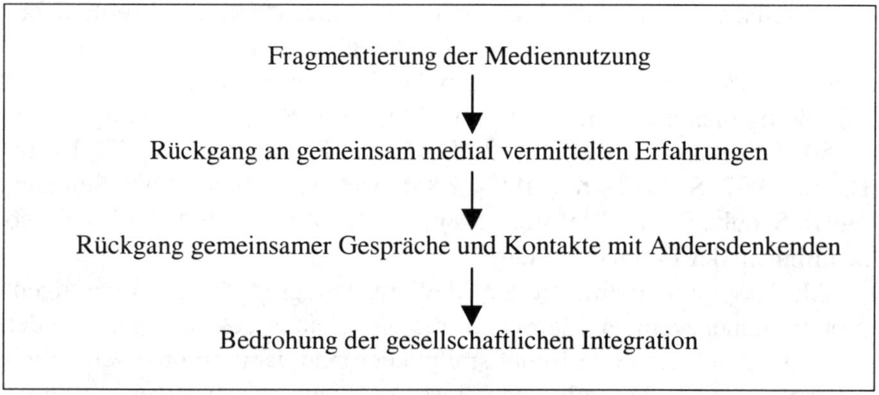

Obwohl der empirische Beleg für die mutmaßlichen Folgen der Fragmentierung der Mediennutzung bisher fehlt (Jäckel, 1996, S. 218, 271; Jarren, 2000; S. 34), erweisen die Folgen sich vor allem im Machtkampf zur Legitimierung medienpolitischer Positionen in apologetischer wie in kritischer Weise als vielseitig verwendbar (vgl. Böckelmann, 1999; Holtz-Bacha, 1997, S. 20-21; Jarren, 2000, S. 27; Plog, 1994; Stolte 1997; Stolte, 1998a, S. 19, Stolte, 1998b). Für den Fortgang der Arbeit ist die gesellschaftspolitische Fragmentierungsdebatte und hierbei die Angst vor kommunikativen Abspaltungen im Publikum untersuchungsleitend und gibt den Interpretationsrahmen vor.

Gesellschaftspolitischer Hintergrund der Debatte ist die *Integrations- und Vermittlungsfunktion* der Medien, die durch die Fragmentierung als bedroht betrachtet wird (Bonfadelli, 1994; Dahm, Rössler & Schenk, 1998; Herzog, 1998; Holtz-Bacha, 1997; Jarren, 2000; Mast, 1997, S. 222; McQuail, 1997, S. 133; Meyn, 1996, S. 14; Schönbach, 1997a, S. 268; Schulz, 1997a, 1998, 1999; Stolte, 1998a, b).[3] Dahinter steht die Einschätzung des Bundesverfassungsgerichts, nach der die Massenmedien Presse, Hörfunk und Fernsehen als wichtige *Integrationsfaktoren* der Gesellschaft in allen Lebensbereichen wirken (BverfGE 31, 314/2. Rundfunkurteil). Besonders der Rundfunk ist hier als Integrationsfaktor gemeint,[4] denn der Gesetzgeber unterstellt dem Rundfunk im Vergleich zum Printsektor eine größere Wirkung auf das Publikum.[5] Medien gelten nach diesem Verständnis als Motor der öffentlichen Meinungsbildung, als Vermittler von gesellschaftlichen Werten, Problemen und politischer Information an zahlreiche unterschiedliche Rezipienten, als Anlaß für Gespräche und Diskussionen mit Freunden, Bekannten oder Kollegen und unterliegen damit dem demokratiepolitischen Auftrag, ein Potential an Konsens und Integration zu sichern (Hasebrink, 1997, S. 273-274; Hummel, 1996; Jarren, 2000; Schatz, Jarren & Knaup, 1997). Die großen Reichweiten der öffentlich-rechtlichen Hauptnachrichtensendungen stehen für eine „prototypische Vorstellung von 'Integration'", die implizit eine 100prozentige Reichweite der 'Tagesschau' und damit eine bundesweit gemeinsame Medienerfahrung unterstellt (Hasebrink, 1997, S. 264).

Allerdings ist bis heute nicht definiert, wieviel Integration eine Gesellschaft und Demokratie braucht, um handlungsfähig zu bleiben (Mast, 1997, S. 226). Und umgekehrt läßt sich ein zu großes Potential an Integration und zuviel Konsens mit der demokratisch geprägten Forderung

---

3 Zur (Integrations-)Funktion der Massenmedien vgl. Jarren, 2000; Maletzke, 1980; Ronneberger, 1985 und Rühl, 1985.

4 Vgl. das Urteil des Bundesverfassungsgerichts vom 27. Juli 1971 (Mehrwertsteuerurteil).

5 In einer Studie mit dem Titel „Das unterschätzte Medium" untersucht Klaus Schönbach (1983) diese weitverbreitete Vorstellung, daß dem Fernsehen der größte Einfluß zukommt und widerlegt die These von der Macht des Fernsehens für den Bereich politischer Themen.

nach Pluralismus der Meinungen und nach Freiheit der umfassenden Meinungsbildung (Cuilenburg, 1998) kaum vereinbaren. Gerade aufgrund dieser Unschärfen und denkbaren gegensätzlichen Positionen ist die Debatte um Integration und gesellschaftliche Desintegration ein immer wiederkehrendes Thema moderner Gesellschaften (Jarren, 2000, S. 25).

Weit weniger empathisch und wertbeladen, dafür aber ökonomisch-pragmatisch werden die Folgen einer Fragmentierung der Mediennutzung in der gesamten Medien-, Marketing- und Public Relations-Branche diskutiert (Drees, 1998; Jung, 1998). Denn wenn nicht alle Publikumsmitglieder dieselben oder wenigstens eine überschaubare Zahl an Medienangeboten nutzen, wird es immer schwieriger, mit Werbung, Informationen und Public Relations-Instrumenten eine große Öffentlichkeit zu erreichen (vgl. McQuail, 1997, S. 135-136; Meurs, 1999, S. 23-24). Dies läßt die Kampagnen- und Werbekosten in die Höhe schießen (Debus, 1994). Auch für das politische System wird es damit immer schwieriger, mit seinen Themen alle Mitglieder der Gesellschaft zu erreichen.[6]

Wie kommt es zu dieser öffentlichen Fragmentierungsdiskussion? Wo liegen Auslöser und Ursache der Debatte? Erstaunlicherweise ist es nicht das angeblich unterschiedliche *Verhalten der Mediennutzer,* das hier ausschlaggebend ist und erst zu den Folgen führt, sondern es ist vielmehr die Entwicklung im Medienangebotssektor, die diese Diskussion anheizt. Die gesamte gesellschaftspolitische Debatte über die Folgen der Fragmentierung wird ausschließlich *angebotsorientiert* geführt (vgl. auch Jarren, 2000, S. 34-37). Den Medien wird die Schuld an den negativen gesellschaftlichen Entwicklungen kausal und unmittelbar zugeschrieben.

Folgende Gründe sind dafür ausschlaggebend: Das Medienangebot erfährt durch Fortschritte in der Informationstechnologie eine enorme Ausweitung. Bereits Anfang der achtziger Jahre sorgten neue Verbreitungs- und Übertragungsmöglichkeiten, zum Beispiel Kabel- und Satellitentechnik, Bildschirm- und Videotext, Videorekorder und Bildplatte,

---

6 Dafür ist nach Holtz-Bacha (1997) ein systematisches Kommunikationsmanagement nötig, das mit Medienereignissen von großer Reichweite und hohem gesellschaftlichem Integrationspotential arbeitet.

für einen Quantensprung in der Medienlandschaft. Und seit dem Beginn des dualen Rundfunksystems 1984 findet mit dem Auftreten privater Rundfunkanbieter eine stetige Vermehrung von Hörfunk- und Fernsehprogrammen statt. Die Media Analyse 98 II erhob insgesamt 248 Hörfunkprogramme. Und das Fernsehprogrammangebot hat sich bis heute verzehnfacht: ein Privathaushalt kann heutzutage im Durchschnitt 33 Programme empfangen. Parallel zu dieser Expansion der Programme und Inhalte verläuft ein Trend zur Mehrfachausstattung privater Haushalte mit entsprechenden Empfangsgeräten. Die Kommunikationsinfrastruktur verbessert sich flächendeckend. Und die Wachstumstendenz im Angebotssektor ist steigend: Die Digitalisierung der Daten und ihrer Übertragungswege, das rasante Wachstum des Internets und der Online-Angebote sowie neue End- und Empfangsgeräte beschleunigen die Angebotsvermehrung und -ausdifferenzierung um ein Vielfaches (Neuer Quantensprung, 1998).

Obwohl der Schwerpunkt der gegenwärtigen Fragmentierungsdiskussion um die Medienangebotsentwicklung im *multimedialen Sektor* liegt, erfaßt die zunehmende Angebotserweiterung aber gerade auch die klassischen elektronischen Medien und die Printmedien. In qualitativer Hinsicht geht sowohl im privaten als auch im öffentlich-rechtlichen Rundfunk der Entwicklungstrend in Richtung Zielgruppenformate und Nischenkonzepte und damit in Richtung einer Angebotsspezialisierung:

Im *Hörfunk* bestehen neben Angeboten mit speziellen Inhalten wie zum Beispiel Klassik-Radio oder das BR 5-Inforadio auch Zielgruppenprogramme wie zum Beispiel die zunehmende Zahl an Jugendradios (Handel & Kutteroff, 1997).

Im *Fernsehen* ist der Spezialisierungstrend noch größer, was auch mit der wachsenden Anzahl digitaler Kanäle zusammenhängt: Der Sportkanal DSF, der öffentlich-rechtliche Kinderkanal, die Musiksender VIVA oder MTV markieren nur ausgewählte Beispiele einer breiten reichhaltigen Interessenpalette im deutschen Fernsehmenü.

Der *Printsektor* steht dieser Entwicklung nicht nach: Die Anzahl erscheinender Publikumszeitschriften hat sich von 1985 bis 1995 von 348 auf 695 Titel fast verdoppelt (Niesel, 1998, S. 119). In den letzten Jahren hat vor allem die Wirtschaftspresse einen enormen Zuwachs erfahren. Seit April 1997 zählt sie 18 Neugründungen, das entspricht fast einer Verdoppelung des Segments innerhalb von drei Jahren (Kuhli, 2000; Rittmann, 2000, S. 195; Wirtschaftstitel, 2000). Diese Hochkonjunktur der Wirtschaftstitel gipfelt in einer täglich erscheinenden Finanz-Zeitung, der Financial Times Deutschland, die die erste Neugründung im Tageszeitungsmarkt der letzten Jahre darstellt. Doch nicht nur komplette Neugründungen stehen an der Tagesordnung. Etablierte Printorgane wie zum Beispiel die „BILD-Zeitung", der „Spiegel", die Programmzeitschrift „TV Today" oder die Frauenzeitschrift „Brigitte" entwickeln sich zu umfangreichen Produktlinien weiter und geben Sonderhefte zu bestimmten Themen heraus (z.B. „Computer BILD" und „Sport BILD", „Spiegel Spezial", „Online Today", „Brigitte Job & Karriere").

Der angebotsorientierte Blick der Fragmentierungsdiskussion richtet sich insgesamt vorwiegend auf Entwicklungen im *bundesweiten* Medienmarkt. Wobei sich gerade auch das Medienangebot insbesondere auf *lokaler bzw. regionaler Ebene* immer mehr vergrößert und ausdifferenziert: Neben innovativen Entwicklungen im Rundfunksektor – wie zum Beispiel lokalorientierte Mediendienste (Handel, Rathgeb, Scherer, 1999), die neue Gattung Firmen TV (Handel & Kutteroff, 1998; Handel & Scherer, 1998), Universitätsradio und -fernsehen, Ballungsraumfernsehen (Handel & Kutteroff, 1999), nichtkommerzielle Hörfunkprogramme (Handel, 1998; Handel & Sackermann-Enskat, 1998) oder offene Kanäle – tragen im Printbereich Anzeigenblätter, Stadtmagazine, Szene- und Veranstaltungszeitschriften, Gratiszeitungen und die wachsende Gattung der lokalen Sonntagszeitungen zur Angebotsvielfalt vor Ort bei. Es scheint nur eine Frage der Zeit, bis die Fragmentierungsvertreter auch diese lokalen Entwicklungen in ihre Diskussion um das Ende der gesellschaftlichen Integration einbeziehen, zumal die Integrationsthematik gerade im lokalen Raum besondere Aufmerksamkeit erfährt (Jarren, 2000, S. 26; Münch, 1998; Schönbach, Lauf & Peiser, 1998).

Wie geht nun das Publikum mit diesem angewachsenen Angebot um?[7] Es kann schließlich nicht alles im ausdifferenzierten Medienmarkt nutzen. Die extreme Expansion des Medienangebots übersteigt bei weitem die zeitliche Ausweitung der Mediennutzung im Publikum und stößt

---

7 Die meisten Vertreter, die sich in der Literatur zur Fragmentierung äußern, stellen diese Frage erst gar nicht.

an die Grenzen der verfügbaren Zeit jedes einzelnen.[8] Innerhalb der letzten 20 Jahre hat sich die Zuwendungs- und Nutzungszeit nicht einmal dramatisch vergrößert (Berg & Kiefer, 1996). Es ist ein Sättigungseffekt erreicht, der zur Stagnation führt (Bild, 1998, S. 36; Kiefer, 1998, S. 93). Und Experten in Deutschland prognostizieren bis ins Jahr 2015 keinen bahnbrechenden Zuwachs im Zeitbudget für die Mediennutzung in der Gesellschaft (Medienpädagogischer Forschungsverbund Südwest & Fraunhofer Institut Systemtechnik und Innovationsforschung, 1998).

Die scheinbar logische Konsequenz aus dieser quantitativen und qualitativen Ausdifferenzierung des Medienangebots und der eher stagnierenden Nutzung beim Publikum scheint für die Vertreter der Diskussion zwangsläufig die Fragmentierung des Publikums und damit das Ende der ehemals gemeinsamen Medienerfahrungen zu sein, wie es Webster (1986) treffend formuliert:

> „The most widely anticipated (...) change in audience behavior as a response to the new media environment is that the mass audience has become increasingly fragmented" (Webster, 1986, S. 83).

Inwiefern das Medienpublikum in seiner Mediennutzung aber tatsächlich fragmentiert ist, d.h. voneinander verschiedene Medienangebote nutzt, wird nicht diskutiert. Immerhin könnte das Publikum trotz des umfangreicher gewordenen Angebots seine Nutzung vorwiegend auf bewährte und gemeinsame Angebote konzentrieren und damit der drohenden Fragmentierung Einhalt gebieten. Vor diesem Hintergrund ist es geradezu kurzsichtig, die Diskussion ohne einen Blick auf die Rezipienten und die Rezeption zu führen. Denn nur das Verhalten der Mediennutzer ist die *zentrale* Voraussetzung für jegliche mutmaßlichen gesellschaftlichen Folgen, die aus der Angebotsentwicklung im Medienmarkt resultieren und möglicherweise zu einer gesellschaftlichen Desintegration führen können.

Diese Tatsache haben einige Medienwissenschaftler begriffen. Sie betrachten das Fragmentierungsphänomen sogar als einen Schwerpunkt

---

8 Die Medienzeitbudgets der Nutzer sind begrenzt. Diese zeitliche Restriktion verschärft den Selektionsdruck im Publikum (Kiefer, 1998a, S. 93) und führt zu einer Überforderung des Publikums (vgl. Donsbach, 1998; Kroeber-Riel, 1987; Reuters, 1997; Winterhoff-Spurk, 1996).

der künftigen Massenkommunikationsforschung (Blumler, 1997; Brosius, 1997; Hoffmann-Riem, 1997; Kaase, Neidhardt & Pfetsch, 1997, S. 1-2; Schulz, 1997a, S. 88-89), als eines der wichtigsten Kriterien für die Maßnahmen der Medien- und Kommunikationspolitik (Cuilenburg, 1998, S. 80) und als eine zentrale Forschungsfrage im Zusammenhang mit der Einführung des digitalen Fernsehens (Hans-Bredow-Institut, 1996, S. 5).

Vor dem Hintergrund seiner Popularität in der Öffentlichkeit und auch der Kommunikationswissenschaft ist es daher erstaunlich, daß das Phänomen der Fragmentierung bis heute nicht *einheitlich definiert*, *differenziert* betrachtet und nicht hinreichend *operationalisiert* und ebensowenig ernsthaften *empirischen Tests* unterzogen wurde und somit auch nicht ausreichend *belegt* ist (Gerhards, 1998, S. 44; Hasebrink, 1997; Jäckel, 1996, S. 218; Schulz, 1999, S. 92). Diese Forschungslücke wird um so gravierender, je vielfältiger und differenzierter sich die deutsche Medienlandschaft als mögliche Determinante einer Fragmentierung der Mediennutzung entwickelt.

Die vorliegende Arbeit will deshalb einen Beitrag dazu leisten, das Fragmentierungsphänomen differenziert zu beschreiben und *meßbar* zu machen, um anschließend seinen Bedingungsrahmen abzustecken. Dieses Forschungsvorhaben legt eine Vorgehensweise in zwei Schritten nahe:

Der *theoretische Teil* der vorliegenden Arbeit hat zum Ziel, das Phänomen der Fragmentierung in seiner Vielschichtigkeit und auch Widersprüchlichkeit transparent zu machen. Dies umfaßt die *Bestandsaufnahme* bisheriger Arbeiten über Fragmentierung, die Konkretisierung und Definition des Fragmentierungsbegriffes und seiner Eigenschaften, die Differenzierung verschiedener Fragmentierungsebenen sowie die Identifikation von Anhaltspunkten und Erklärungsfaktoren für die Fragmentierung. Dieser Teil der Arbeit bietet einen systematischen und kritischen Überblick, spürt Wissens- und Forschungslücken auf und liefert damit Anregungen für eine anschließende empirische Untersuchung der Fragmentierung.

Im *empirischen Teil* der Arbeit wird der Frage nachgegangen, wie Fragmentierung gemessen werden kann. Dies setzt zunächst einmal die Entwicklung eines geeigneten Maßes voraus. Anschließend kann die Frage beantwortet werden, wie stark das Medienpublikum derzeit fragmentiert ist und mit welchen Determinanten das Ausmaß der Fragmentierung zusammenhängt. Datenbasis des empirischen Teils ist die Regionalstudie KomRegio, eine repräsentative Befragung der Bevölkerung im Rhein-Neckar-Raum, die im Rahmen dieser Arbeit noch genauer vorgestellt wird. Im Rahmen des Projektes KomRegio und seiner Forschungs- und Verwertungszusammenhänge (vgl. hierzu Handel & Hippler, 1998; Handel & Kutteroff, 1998; Handel & Scherer, 1998; Handel & Kutteroff, 1999; Handel, 1999) entstand schließlich auch die Idee zu dem hier skizzierten Forschungsvorhaben. Diese Arbeit ist in insgesamt sieben Kapitel unterteilt:

- Zunächst widmet sich das folgende Kapitel zwei der Bedeutung des Fragmentierungsbegriffs und den Eigenschaften des Konzepts. In einem zweiten Schritt werden in diesem Kapitel denkbare Ebenen und Dimensionen zur Differenzierung des Fragmentierungsphänomens vorgestellt.
- Kapitel drei befaßt sich mit empirischen Anhaltspunkten und theoretisch plausiblen Vermutungen zur Fragmentierung, mit ihrem Ausmaß auf den verschiedenen Ebenen und mit ihrem Zusammenhang mit möglichen Determinanten. Abschließend werden in diesem Kapitel die bis dahin erarbeiteten Befunde zusammengefaßt und im Hinblick auf das Forschungsziel konkretisiert.
- Kapitel vier informiert über die Operationalisierung der Forschungsfragen und die methodische Umsetzung. Dort werden die dieser Arbeit zugrundeliegende Bevölkerungsumfrage KomRegio und die Auswahl von forschungsrelevanten Indikatoren vorgestellt.
- In Kapitel fünf werden die Einzelergebnisse der vorliegenden Arbeit präsentiert und anschließend zusammenfassend diskutiert und interpretiert. Dabei wird auch auf methodische Fragen der Untersuchung und mögliche weiterführende Forschungsvorhaben in diesem Themenumfeld eingegangen.
- Kapitel sechs geht in einem Exkurs den mutmaßlichen Folgen der Fragmentierung nach. Dies wird zunächst empirisch untersucht und anschließend theoretisch diskutiert.
- In Kapitel sieben wird schließlich über Konsequenzen aus den bis dahin ermittelten Befunden spekuliert, und es werden Folgerungen für denkbare Handlungszusammenhänge daraus abgeleitet.

2. Auf dem Weg zu einer Definition von Fragmentierung

Was ist Fragmentierung? Wer oder was ist fragmentiert? Und worauf bezieht sich die Fragmentierung? Diese Fragen werden im folgenden beantwortet. Das Kapitel ist hierzu zweigeteilt: Zunächst geht es um die Klärung des Fragmentierungsbegriffes und damit verbundene Konzepte. Im zweiten Teil werden verschiedene Ebenen und Dimensionen vorgestellt, die beim Fragmentierungsphänomen unterschieden werden können und nach denen sich die Fragmentierung differenzieren läßt.

2.1 Begriffe und Konzepte der Fragmentierung

Der Begriff Fragmentierung, so kürzlich ein Medienjournalist, darf in der heutigen Mediensituation kein Fremdwort mehr sein (Kammann, 1999, S. 3). Der Begriff ist dabei nicht nur auf den deutschen Sprachraum begrenzt, Fragmentierung ist vielmehr ein internationales Phänomen.[9] Um so erstaunlicher ist es, daß es sich bei der Fragmentierung nicht um einen einheitlich definierten Begriff oder um ein explizit ausformuliertes Konzept handelt. In gängigen Nachschlagewerken (z.B. Duden, Lexika) und selbst in speziellen medienwissenschaftlichen oder soziologischen Handbüchern (z.B. Fischer Lexikon Publizistik Massenkommunikation, Lexikon der Soziologie) wird der Terminus „Fragmentierung" nicht erwähnt. Fragmentierung wird in der Alltagssprache der Bevölkerung sowie in der Fachsprache einiger wissenschaftlicher Disziplinen mit unterschiedlicher Bedeutung verwendet (z.B. Politologie, Chemie, Medizin), wobei insbesondere auch die Verwobenheit zwischen der Alltags- und Wissenschaftsdebatte auffällt. In der vorliegenden Arbeit geht es mir ausschließlich um den *medienwissenschaftlichen* Fragmentierungsbegriff.

9 Im englischen Sprachgebrauch ist von „Audience Fragmentation" die Rede (z.B. McQuail, 1997; Neuman, 1991; Webster, 1997).

In der Medienwissenschaft werden die unterschiedlichsten Begriffe synonym mit Fragmentierung verwendet. Holtz-Bacha (1997) verwendet beispielsweise in ihrem Beitrag mit dem Titel „Das fragmentierte Medien-Publikum" neben dem Fragmentierungsbegriff synonym die Begriffe „Zersplitterung", „Zerfall", „Aufspaltung", „Auseinanderfallen". Kliment (1997) spricht von „Zerfaserung" (S. 207). Schulz (1998) führt parallel zum Fragmentierungsbegriff „Fraktionierung" (S. 66) ein. Saxer (1985, S. XII) und Schönbach (1997, S. 286) sprechen von „Atomisierung" (vgl. auch Jarren, 2000 S. 24-25) und wieder andere von „Segmentierung“ (z.B. Jäckel, 1996, S. 175; Stolte & Rosenbauer, 1995, S. 359). Außerdem ist in der Literatur häufig von der „Fragmentierungsthese" (z.B. Hasebrink, 1997; Meder, 1998; Schulz, 1999) oder auch „Fragmentierungshypothese" (z.B. Neuman, 1991, S. 115-119) die Rede. Was ist damit gemeint?

Sowohl in der öffentlichen Alltagsdiskussion als auch in der Medienwissenschaft wird (stillschweigend) von einem Konsens darüber ausgegangen, was Fragmentierung bedeutet und was darunter verstanden wird. Dabei ist dies längst nicht geklärt. Denn es gibt nicht nur ein Begriffe-Wirrwarr für ein und dasselbe Phänomen, es herrschen auch verschiedene Ansichten darüber, was mit Fragmentierung bezeichnet wird. Der Begriff wird also unter verschiedenen Bedeutungen und in verschiedenen Zusammenhängen verwendet. In der Literatur, der Alltagssprache und der gesellschaftspolitischen Debatte kristallisieren sich *drei zentrale Begriffskonzepte* von einem medienwissenschaftlichen Fragmentierungbegriff heraus, die sich folgendermaßen unterscheiden lassen:

1. *Die Struktur der Gesellschaft:* Der Begriff Fragmentierung wird häufig für allgemeine gesellschaftsstrukturelle Differenzierungsprozesse verwendet, etwa um damit den Zerfall der Gesellschaft in sozio-kulturelle Segmente (Wöste, 1999, S. 589) oder die „(...) Herausbildung weitgehend voneinander isolierter Teilöffentlichkeiten mit unterschiedlichen Werten und Orientierungen (...)“ (Hoffmann,1998, S. 433) zu beschreiben. Dieses soziale Fragmentierungsverständnis entspricht dem bereits in Kapitel 1 beschriebenen Szenario, bei dem sich „fragmentierte“ Gesellschaftsstrukturen als Folge bestimmter Veränderungen im Medienangebot herausbilden (Cuilenburg, 1998, S. 80; Holtz-Bacha, 1997; Meder, 1998; Neu-

man, 1991; Schulz, 1999). Den Medien kommt nach diesem Verständnis also die Rolle der „Fragmentierer" der Gesellschaft zu; im Mittelpunkt dieses Konzepts stehen jedoch die Folgen für die Gesellschaft.

2. *Die Struktur des Medienangebotes:* Die Aufspaltung von Medienmärkten durch Wachstum und die Ausdifferenzierung des Medienangebots in viele nebeneinanderbestehende Segmente (z.B. Titel, Sender, Inhalte etc.) werden in der Literatur sehr häufig als Fragmentierung bezeichnet (z.B. Kofler, 1998; Titelthema: Special Interest, 2000; Wirtschaftstitel, 2000). Es geht bei diesem Verständnis von Fragmentierung ausschließlich um die Expansion in Medienmärkten bzw. bestimmter Angebotstypen und nicht um das Verhalten des Medienpublikums oder um den Umgang einzelner Nutzer mit diesen Angeboten.[10]
3. *Die Muster der Mediennutzung:* Dieses Begriffsverständnis von Fragmentierung weist dem Publikum die zentrale Rolle zu, indem bestimmte Muster und Stile der Mediennutzung dafür verantwortlich gemacht werden, daß es keine gemeinsam genutzten Medienangebote gibt und damit Medienangebote *getrennt* voneinander genutzt werden. Dieses Verständnis vom Fragmentierungsbegriff als ein *Mediennutzungsphänomen* wird auch von der Mehrheit der Autoren in der bisherigen medienwissenschaftlichen Literatur geteilt (vgl. Blumler, 1997, S. 22; Dominick, 1987, S. 20 und 27; Hasebrink, 1997; Hoffmann-Riem, 1997, S. 47; Holtz-Bacha, 1997; Jäckel, 1996, S. 89; Maisel, 1973, S. 159; McQuail, 1997, S. 138-139; Merrill & Lowenstein, 1971; Müller, 1999; Schönbach, 1997, S. 286; Schulz, 1997a, S. 83, 88; Stolte & Rosenbauer, 1995, S. 359; Webster, 1989, 1997).

Alle drei vorgestellten Konzepte beruhen zwar auf unterschiedlichen „Fragmentierungsgrundlagen" (Gesellschaft, Märkte, Mediennutzung), haben in ihrer Bedeutung aber gemeinsam, daß der Begriff Fragmentie-

10 Trotzdem gibt es immer wieder Autoren, die von einer solchen Medienangebotsentwicklung automatisch auch auf eine Fragmentierung des Medienpublikums und damit auf ein bestimmtes Nutzungsverhalten im Publikum schließen (z.B. Bild, 1998, S. 11).

rung einen Zustand anzeigt, bei dem sich Segmente, Fragmente[11] oder Einzelteile herausbilden, die sich nicht überschneiden.

Für die vorliegende Arbeit ist das dritte Konzept, Fragmentierung als ein Tatbestand der Mediennutzung, maßgeblich. Die Folgen der Mediennutzung auf die Gesellschaft oder die Struktur des Medienangebots aus einer Marktperspektive werden dagegen explizit aus dem Fragmentierungsverständnis ausgeklammert. Wenn im Fortgang der Arbeit von Fragmentierung die Rede ist, ist daher immer die *Fragmentierung der Mediennutzung* gemeint, und damit wird eine Situation der Mediennutzung beschrieben, in der die Menschen Unterschiedliches nutzen. Fragmentierung besteht also dann, wenn im Publikum *keine Überschneidung* in der Mediennutzung vorherrscht. Überschneidung ist damit das Gegenteil von Fragmentierung (vgl. zu dieser Auffassung auch Hasebrink, 1997; Hasebrink, 1999, S. 1; McQuail, 1997; Meder, 1998; Schulz, 1998).

Fragmentierung wird in der vorliegenden Arbeit als ein *quantitativer Begriff* bzw. eine *numerische Größe* betrachtet und bezeichnet einen *Intensitätsgrad,* der das Ausmaß der Überlappung im Hinblick auf das Medienangebot angibt und der sich auf einem Kontinuum mit zwei Polen abspielt (vgl. Schaubild 2).

Schaubild 2: Das Fragmentierungskontinuum

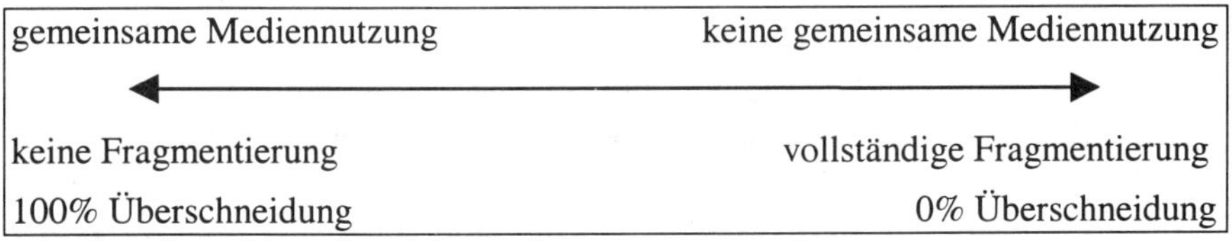

11 Etymologisch betrachtet bezeichnet das Wort Fragment ein "Bruchstück", einen "Rest" oder "Splitter" (Etymologisches Wörterbuch des Deutschen A-G, 1989, S. 468) bzw. "ein übriggebliebener Teil eines Ganzen" und ein "unvollendetes Werk" (Wahrig, Wahrig-Burfeind & Ludewig, 1994, S. 602).

Der linke Pol markiert eine Situation, bei der alle Rezipienten sich derselben Medienbotschaft zuwenden; der rechte Pol beschreibt den Zustand der Mediennutzung, bei dem niemand mehr dasselbe nutzt. Das Kontinuum macht deutlich, daß Fragmentierung keine „Entweder-Oder-Entscheidung“ ist. Es geht in dieser Arbeit also nicht darum festzustellen, ob Fragmentierung besteht oder nicht, sondern es geht um die Frage, wie stark ihr Ausmaß bzw. ihr Grad ist. Das Schaubild macht auch deutlich, daß Fragmentierung schon in einem sehr frühen Stadium beginnt; nämlich bereits dann, wenn keine hundertprozentige Überschneidung in der Mediennutzung herrscht und die Nutzer damit voneinander abweichen.

Dieses Verständnis von Fragementierung als ein quantitatives Maß wird in der Literatur nicht von allen geteilt. Auch wenn bei der Mehrzahl der Autoren Konsens darüber besteht, daß die Fragmentierung ein Phänomen der *Mediennutzung* ist und durch ein eher geringes Ausmaß an Überschneidung gekennzeichnet ist, gibt es weiterhin unterschiedliche Vorstellungen darüber, welche Erscheinungsformen und Nutzungsstrukturen als Fragmentierung zu bezeichnen sind. Hierzu lassen sich in der Literatur *fünf Konzepte* bündeln, die im folgenden kurz vorgestellt und im Hinblick auf das Fragmentierungsverständnis der vorliegenden Arbeit diskutiert werden.

1. Für Jäckel (1996) ist der Begriff Fragmentierung "(...) für die Bezeichnung der Verteilung des Publikums über vorhandene Angebote mittlerweile eingeführt (...)" (Jäckel, 1996, S. 89). Doch die bloße *Verteilung* gibt keine Auskunft darüber, inwiefern sich das Publikum in seiner Mediennutzung überschneidet. Offenbar wird mit dieser Definition impliziert, daß nicht jeder Nutzer jedes Angebot in gleichem Maße nutzt, sondern daß Ungleichheiten in der Verteilung die Fragmentierung erst verursachen. Dieser Gedanke der Ungleichheit ist beispielsweise mit dem Konzept der *Entropie* verbunden. Was bedeutet es für die Fragmentierung und ihre Prämisse der Überschneidung, ob ein Publikum gleichmäßig oder ungleichmäßig über ein vorhandenes Medienangebot verteilt ist? Eine gleichmäßige Verteilung kann bedeuten, daß jedes Angebot einen gleichgroßen Anteil an Nutzern auf sich vereinigt. Ob hinter dieser Verteilungsstruktur aber eine Situation steht, in der alle Nutzer alles nutzen oder eine Situation, in der sich jeweils gleichviele Nutzer auf nur ein Angebot verteilen, geht daraus nicht hervor. Beide Nut-

zungssituationen sind in ihrem Überschneidungsgrad völlig verschieden: Im ersten Fall überschneiden sich alle Nutzer, im zweiten Fall überschneiden sich die Nutzergruppen nicht. Damit ist das Verständnis von der (ungleichen) Verteilung des Publikums auf ein Medienangebot als Konzept für die Fragmentierung unzureichend.

2. Ein weiteres mit der Verteilung verwandtes Konzept für die Fragmentierung in der Literatur basiert auf dem *Umfang des Medienrepertoires.* Zum einen wird die *Ausdifferenzierung* der Mediennutzung auf viele verschiedenartige Angebote und damit die Ausweitung der Bandbreite des Medienrepertoires als Synonym für den Begriff Fragmentierung herangezogen (Berg & Kiefer, 1982, 1992, 1996; Hasebrink, 1994, 1997; Holtz-Bacha, 1997; Holtz-Bacha & Peiser, 1999, S. 44; Meder, 1998; Neuman, 1991; Schulz, 1998, S. 67; Weiß & Hasebrink, 1995).[12] Zum anderen wird in der Literatur aber auch das Gegenteil, die sogenannte *Polarisierung,* d.h. die Konzentration und Spezialisierung auf nur wenige Medienangebote im Zusammenhang mit Fragmentierung angeführt und auch synonym verwendet (z.B. Hasebrink, 1999; Holtz-Bacha, 1997, S. 14; Holtz-Bacha & Peiser, 1999; Jarren & Krotz, 1998, S. 7; Mast, 1997, S. 222-223; Webster, 1986, 1997, S. 110). Die Begriffe haben dabei jeweils eine qualitative Dimension (Vielfalt bzw. Spezialisierung) und eine quantitative Dimension (großes bzw. kleines Medienrepertoire).

Doch die alleinige Vorstellung, daß jemand sehr viele verschiedenartige Medienangebote und damit ein umfangreiches Repertoire nutzt (Ausdifferenzierung), ist ebensowenig ein ausreichender Indikator für Fragmentierung wie ihr Gegenteil, die Konzentration auf nur wenige bzw. spezielle Angebote (Polarisierung). Denn wenn sich alle Rezipienten auf dieselben Medienangebote ausdifferenzieren oder konzentrieren, überschneiden sie sich in ihrer Mediennutzung ja wieder. Fragmentierung besteht schließlich erst dann, wenn sich Individuen oder Teile des

---

12 Das Konzept wird mit der folgenden plausiblen Argumentation versehen: Eine große Bandbreite verschiedener genutzter Medienangebote verringert die Wahrscheinlichkeit einer Abschottung, Gruppenbildung und Spezialisierung, vergrößert die Kontaktmöglichkeiten, die Teilnahme an unterschiedlichen Nutzergemeinschaften und ist eine "Voraussetzung dafür, daß eine Kommunikation zwischen kulturellen Milieus in der Gesellschaft möglich bleibt" (Weiß & Hasebrink, 1995, S. 28).

Publikums bestimmten Angeboten zuwenden, die andere Individuen oder Teilpublika *nicht* nutzen.

Das folgende Schaubild 3 verdeutlicht, wie die Begriffe Ausdifferenzierung, Polarisierung und Fragmentierung voneinander abgegrenzt werden können, indem die Dimensionen Repertoireumfang und Überschneidung zur Vereinfachung dichotomisiert und als vier idealtypische Konstellationen verknüpft werden.[13] Es muß an dieser Stelle ausdrücklich darauf hingewiesen werden, daß die Dichotomisierung der Überschneidung lediglich aus Gründen der Vereinfachung und der Verdeutlichung vorgenommen wird, jedoch nicht dem quantitativen Verständnis von Fragmentierung als einem Kontinuum entspricht, wie es dieser Arbeit zugrundeliegt.

Schaubild 3: Zusammenhang zwischen Polarisierung, Ausdifferenzierung und Fragmentierung

Medienrepertoire	Polarisierung / geringer Repertoireumfang	Ausdifferenzierung / großer Repertoireumfang
keine Überschneidung	Feld 1	Feld 2
vollständige Überschneidung	Feld 3	Feld 4

Quelle: in Anlehnung an Schulz, 1998, S. 67[14] und Jäckel, 1996, S. 90[15]

13 Es sei dahingestellt, wie realistisch diese Nutzungssituationen sind. Hier dienen sie lediglich zur Verdeutlichung der Begriffsthematik.

14 Schulz (1998, S. 66-67) benennt die vier Felder mit den Begriffen "segmentiert" (Feld 1), "fragmentiert" (Feld 2), "integriert" (Feld 3) und "expandiert" (Feld 4). Auf diese Begrifflichkeiten will ich jedoch nicht näher eingehen. Sie erscheinen willkürlich gewählt, sind nicht nachvollziehbar und tragen lediglich zur Begriffsverwirrung bei.

Folgende Konstellationen der Mediennutzung sind für die vier Felder im Schaubild maßgeblich:

- *Feld 1:* Alle konzentrieren sich auf wenige, spezielle Medienangebote (oder auch nur ein einziges Angebot), die/das andere nicht nutzen. Das heißt: Jeder nutzt etwas anderes.
- *Feld 2:* Jeder nutzt viele verschiedene Medienangebote, ohne sich auf etwas Bestimmtes zu spezialisieren und dadurch etwas anderes zu vernachlässigen. Gemeinsam genutzte Angebote gibt es bei dieser Zerstreuung nicht.
- *Feld 3:* Alle spezialisieren sich auf ein- und dasselbe Angebot und vermeiden umgekehrt alle anderen Angebote. Das heißt: Alle nutzen dasselbe.
- *Feld 4:* Alle nutzen umfangreich die gleichen Angebote und verfügen damit über einen hohen Anteil an gemeinsamer Mediennutzung. Das heißt: Alle nutzen alles.

Nur in Feld 1 und Feld 2 liegt eine Fragmentierung der Mediennutzung vor, weil sich die Nutzer hier in der Wahl ihrer Medien nicht überschneiden. Die Abbildung macht deutlich, daß der Begriff Polarisierung eine bestimmte Form der Fragmentierung kennzeichnen kann, nämlich die extreme Konzentration der Nutzung auf bestimmte Angebote, und zwar so, daß es keine Überschneidung mit anderen Rezipienten gibt.[16] Auch die Ausdifferenzierung der Nutzung über verschiedene Medien und damit eine Vielfalt, Fülle und große Bandbreite genutzter Angebote ist nur dann mit Fragmentierung gleichzusetzen, wenn unter den Nutzern keine Überschneidung besteht. Die Abbildung macht auch deutlich, daß Fragmentierung nur durch den *Vergleich* verschiedener Nutzer und ihres Medienverhaltens faßbar ist, d.h. es sind mindestens zwei Nutzer not-

---

15 Jäckel (1996) beschreibt anhand eines ähnlichen Schemas die Beziehung zwischen Polarisierung (hier: inhaltliche Spezialisierung) und der Fragmentierung des Publikums (hier: "Verteilung des Publikums über vorhandene Angebote", Jäckel, 1996, S. 89), wobei er von anderen Definitionen und Zusammenhängen ausgeht.

16 Dieses Verständnis entspricht auch der etymologischen Bedeutung von "polarisieren", d.h. "in seiner Gegensätzlichkeit immer deutlicher hervortreten", "sich immer mehr zu Gegensätzen entwickeln" Der Begriff der "Polarität" bedeutet: "Gegensätzlichkeit bei wesenhafter Zusammengehörigkeit" (Drosdowski, 1984, S. 351).

wendig, deren Medienkost im Hinblick auf Überschneidung zu vergleichen ist. Der Bezug zu anderen Rezipienten ist essentieller Bestandteil des Fragmentierungskonzepts dieser Arbeit.

3. Das Konzept der *Individualisierung* wird in der Literatur und der öffentlichen Diskussion eng mit dem Begriff der Fragmentierung verbunden und wird häufig in einem Zuge synonym dazu verwendet (vgl. z.B. Gerhards, 1998, S. 40; Hasebrink, 1997, S. 264-265; Hasebrink, 1998, S. 354; Hasebrink, 1999; Jäckel, 1996; Jarren, 2000; S. 34; Kammann, 1999, S. 3; Kliment, 1997; Löffelholz & Altmeppen, 1994, S. 584-585; Negroponte, 1995, S. 164; Schönbach, 1997, S. 286; Schulz, 1993; Stolte, 1997, 1998a, S. 19, 1998b; Toffler, 1980). Dabei bleibt zwar wie bereits beim Fragmentierungsphänomen häufig unklar, was genau mit Individualisierung gemeint ist. Vorwiegend wird mit dem Begriff aber eine Nutzungssituation bezeichnet, bei der die Mediennutzer *unabhängig voneinander* handeln und jeweils andere Angebote nutzen (Hasebrink, 1994 und 1997, Holtz-Bacha, 1997, S. 13; Jäckel, 1996; Kliment, 1997; Mast, 1997; McQuail, 1997, S. 138-139; Müller, 1999). Mit dem Begriff Individualisierung bezeichnen einige auch eine *Extremform* der Fragmentierung (Dominick, 1987; McQuail, 1997, S. 133; Negroponte, 1995, S. 164; Noam, 1996), die auf der Annahme basiert, daß *jeder* ein anderes Angebot nutzt und damit in seiner Mediennutzung von den anderen Publikumsmitgliedern abweicht. Das einzelne Individuum steht bei diesen Überlegungen im Mittelpunkt.

Die *Abweichung* des individuellen Mediennutzungsverhaltens vom *Durchschnittsverhalten* der „anderen" Menschen ist ein plausibles Konzept für die Fragmentierung (vgl. auch Holtz-Bacha & Peiser, 1999, S. 45). Es geht von folgender Annahme aus: Je mehr sich das Nutzungsverhalten einer Person vom Gesamtdurchschnitt unterscheidet, desto größer ist ihre Abweichung. Personen, die in ihrer Nutzung eher dem Durchschnittsverhalten entsprechen, weisen dagegen nach diesen Überlegungen eine eher geringe Abweichung auf. Die Durchschnittsnutzung der „anderen Nutzer", an denen das Individuum gemessen wird, fungiert dann als eine Art „gesellschaftlicher Durchschnitt" zur Norm-Mediennutzung. Die Überschneidung der Mediennutzung wird bei diesem Fragmentierungskonzept nicht explizit ausgewiesen, sondern ist implizit berücksichtigt, indem davon ausgegangen wird, daß mit zunehmendem Abstand einer Person vom durchschnittlichen Medienverhalten auch die Überschneidungswahrscheinlichkeit dieser Person mit anderen Nutzern abnimmt. Das Konzept operiert auf einer Individualebene, drückt den Fragmentierungsgrad durch einen Abstand bzw. eine Abweichung aus und berücksichtigt dadurch den einzelnen im Verhältnis zu den anderen Mediennutzern. Damit entspricht es dem Fragmentierungsverständnis der vorliegenden Arbeit.[17]

4. Neben dieser Individualperspektive, bei der der einzelne Nutzer und sein Medienverhalten im Mittelpunkt der Betrachtung steht, findet sich auch ein Aggregatverständnis von Fragmentierung in der Literatur, das häufig von den gleichen Vertretern parallel verwendet wird (z.B. Hasebrink, 1997; Holtz-Bacha, 1997 und Schulz, 1998) und das in dem Fragmentierungssynonym „Segmentierung“ impliziert ist. Fragmentierung wird dabei als ein Verhalten der Mediennutzung diskutiert, das *gruppenweise* auftritt und auf einer Gruppenebene abgebildet wird.[18] Damit ist die Zersplitterung des Gesamtpublikums in voneinander unabhängige, sich nicht überschneidende Nutzersegmente gemeint, die sich durch ihre Mediennutzung konstituieren und sich darin auch voneinander abgrenzen. Die Mitglieder dieser Segmente sind nach dieser Vorstellung in ihrer Mediennutzung homogen, erscheinen aber in bezug zur Gesamtbevölkerung als fragmentiert, weil sie sich vom Rest der Nutzer in der Wahl ihres Medienangebots unterscheiden. Ich nenne diese Auffassung von Fragmentierung *Cluster-Konzept*. So wird zum Beispiel die *Clusterung* des Publikums mit dem Begriff der Fragmentierung gleichgesetzt (Drees, 1998). Es entspricht jedoch nicht dem Fragmentierungsverständnis der vorliegenden Arbeit, da kein quantitativer Grad der Fragmentierung erkennbar ist, der über das Ausmaß der Fragmentierung informiert. Das Cluster-Konzept fragt vielmehr nach inhaltlichen Qualitäten der Mediennutzung, also worin sich die Nutzer abgrenzen, und definiert die Nutzergruppen nach der Art der genutzten Angebote.

---

17 Der Individualisierungsbegriff wird im Fortgang der Arbeit nicht weiterverwendet, da er nur einen bestimmten Grad der Fragmentierung bezeichnet. Er dient hier als Inspiration für ein Fragmentierungsverständnis auf einer Individualbasis.

18 Schönbach spricht in seinem Essay von "Gruppenidentität" (Schönbach, 1997, S. 286).

5. Eine dem Cluster-Konzept verwandte Fragmentierungsauffassung auf der Aggregatebene, die auch inhaltlich argumentiert, ist das *Konzept der Medienmenüs und Repertoirekombinationen.* Während das Cluster-Konzept vom Zerfall des Gesamtpublikums in Segmente ausgeht, liegt bei diesem Konzept der Schwerpunkt auf der *Zusammensetzung* von Medienmenüs einzelner Nutzersegmente. Das Konzept fragt nach qualitativen, inhaltlichen Kriterien und nach der Art der Kombination von Angeboten: Aus welchen Bestandteilen setzt sich ein Medienmenü zusammen? Welche Bestandteile werden häufig miteinander kombiniert und welche Angebote schließen sich praktisch aus? Wie groß sind die Schnittmengen an gemeinsam genutzten Angeboten beim Publikum? Wo bestehen keine Überschneidungen zu anderen Nutzergruppen und welches sind Exklusivmedien im Menü von Rezipienten, die nicht bzw. selten von anderen genutzt werden (vgl. hierzu Hasebrink, 1997, S. 270; Weiß & Hasebrink, 1995, S. 154)? Bei diesem Konzept ist zwar die Rede von der Überschneidung und damit besteht eine Verbindung zur Fragmentierung. Doch die Fragen machen deutlich, daß sich dieses Fragmentierungsverständnis auf die Art und Weise, die Ausprägung und damit auf inhaltliche Aspekte der Fragmentierung bezieht. Da es im Fragmentierungsverständnis der vorliegenden Arbeit aber nicht darum geht, in welchen einzelnen Medienangeboten sich das Publikum konkret überschneidet oder welche Angebote nicht mehr genutzt werden, ist dieses Konzept für die Fragmentierung nicht anwendbar.

Insgesamt hat sich nur eines der fünf vorgestellten Fragmentierungskonzepte als relevant und anwendbar für die vorliegende Arbeit erwiesen: Fragmentierung als Abweichung des einzelnen von der Mediennutzung des Durchschnitts.

Ob Einzelpersonen oder Gruppen im Mittelpunkt der Betrachtung stehen, es handelt sich lediglich um zwei unterschiedliche Betrachtungsweisen von Fragmentierung, die sich nicht ausschließen. Zum einen existieren die Individualperspektive und die Gruppenperspektive in der Diskussion und der Literatur unverbunden nebeneinander.[19] Zum anderen wird auch die Auffassung vertreten, daß beide Perspektiven zwei verschiedene Stufen eines *Fragmentierungsprozesses* repräsentie-

19 Webster (1989) spricht immer parallel von „ individuals or audience subsets“(S. 203).

ren und in einem Kontinuum zueinander stehen, in dem dann die Gruppenphase als eine Vorstufe der Individualphase betrachtet wird (z.B. Dominick, 1987, S. 27; McQuail, 1997, S. 138-139). In der Gruppenphase bestehen danach im Rahmen von Nutzergruppen noch Gemeinsamkeiten, während die Individualphase von völliger Unverbundenheit der einzelnen Rezipienten in ihrer Nutzung ausgeht. Dieser letzte Gedanke weist darauf hin, daß einige Autoren Fragmentierung als eine Entwicklung der Mediennutzung, also als einen Prozeß betrachten, der unilinear in mehreren Stufen von der gemeinsamen Nutzung bis zu seiner extremsten Form abläuft (z.B. Dominick, 1987, S. 27; Jäckel, 1996, S. 21; Holtz-Bacha, 1997; Holtz-Bacha & Peiser, 1999; McQuail, 1997, S. 138-139).[20] Dagegen begreift diese Arbeit Fragmentierung als *Zustand und Bestandsaufnahme* einer Kommunikationssituation.

Nachdem es bisher um die Art der Mediennutzung beim Fragmentierungskonzept ging, stellt sich auch die Frage, *wer* eigentlich fragmentiert ist und um wen es bei der Fragmentierungsdebatte geht. Alle Fragmentierungsüberlegungen in der Literatur gehen relativ pauschal (und meist implizit) von einem *Gesamtpublikum* aus, das in seiner Mediennutzung fragmentiert ist. Dieses Publikum wird nicht näher charakterisiert oder nach bestimmten Eigenschaften spezifiziert. Plausibel ist jedoch, daß das Ausmaß der Fragmentierung ganz anders ausfällt, wenn bestimmte *Gruppen,* also Ausschnitte aus dem Gesamtpublikum, als Ausgangspunkt genommen und im Hinblick auf ihre Mediennutzung betrachtet werden. So könnten etwa Personen aus dem Gesamtpublikum mit einem gemeinsamen Merkmal in Gruppen gebündelt, hinsichtlich ihres Fragmentierungsgrades betrachtet und sogar miteinander verglichen werden. Da Gruppen immer anhand des gemeinsamen verbindenden Merkmals gebildet werden und darin eine Homogenität aufweisen, wäre es immerhin denkbar, daß sie sich auch in ihrer Mediennutzung weniger voneinander unterscheiden und damit geringer fragmentiert sind als ein hetero-

20 Dieses dynamische Verständnis von Fragmentierung entspricht zwar der etymologischen Bedeutung von *Fragment* (Etymologisches Wörterbuch des Deutschen A - G, 1989, S. 468). Es steht für das Bruchstückhafte, Unvollendete, im Prozeß befindliche und weist auf einen unsystematischen Zerfall hin (vgl. auch Holtz-Bacha, 1997, S. 13). Allerdings ist eine Bewegung des Fragmentierungsgrades nach zwei Seiten möglich, gemeinsame Mediennutzung kann zu und wieder abnehmen, von Unilinearität kann daher keine Rede sein.

genes Gesamtpublikum. Diese Überlegungen weisen auf eine differenzierte Betrachtungsperspektive hin, die als Erweiterung der bisher in der Literatur vorherrschenden Blickrichtung auf das Gesamtpublikum interessante Informationen über das Fragmentierungsphänomen liefern könnte. Um die Fragmentierung der Mediennutzung umfassend zu erklären, muß die vorliegende Arbeit neben einem Gesamtpublikum auch Gruppen als Fragmentierungsobjekte berücksichtigen und miteinander verglichen.

Zum Abschluß der bisher vorgestellten Überlegungen sollen nun nochmals kurz und übersichtlich die *zentrale Definition* und die *maßgeblichen Eigenschaften* des Fragmentierungskonzepts für die vorliegende Arbeit zusammengefaßt werden. Folgende Nominaldefinition von Fragmentierung ist im weiteren leitend:

> Von Fragmentierung ist dann die Rede, sobald zwischen Individuen keine vollständige Überschneidung in der Mediennutzung vorherrscht.

Fragmentierung steht für die *Abweichung* von Personen in ihrer Mediennutzung in bezug zu anderen Personen. Die *Überschneidung* ist dabei die zentrale Dimension des Fragmentierungskonzepts und damit die Tatsache, daß sich das Publikum in seiner Mediennutzung voneinander unterscheidet und Unterschiedliches nutzt. Fragmentierung ist eine *Zustandsbeschreibung,* die einen *Intensitätsgrad* ausdrückt und sowohl ein Gesamtpublikum als auch Gruppen daraus betreffen kann.

2.2 Ebenen der Fragmentierung

Worin und *wodurch* unterscheiden sich die Mediennutzer? *Worauf* bezieht sich die Fragmentierung? Die Fragmentierung der Mediennutzung wird in der öffentlichen Diskussion und in der Literatur auf ganz verschiedenen Ebenen des Medienangebots diskutiert. Darüber hinaus sind noch weitere Ebenen plausibel, auf der sich die Fragmentierung abspielen kann. Bisher wird zwischen den Ebenen nicht explizit unterschieden, meist werden sie vermischt. Dies ist deshalb problematisch, weil die Fragmentierung auf jeder dieser Ebenen ganz unterschiedliche Erscheinungsformen und Ausprägungen und sogar gegenläufige Ausmaße annehmen kann. Im folgenden werden daher bisher aus der Literatur bekannte und zusätzlich denkbare plausible Ebenen der Fragmentierung vorgestellt, systematisiert und geordnet sowie anhand eigener Überlegungen differenziert und weiterentwickelt. Im folgenden Schaubild werden dafür zunächst einmal alle denkbaren Ebenen der Fragmentierung in einem Gesamtüberblick aufgelistet (vgl. Schaubild 4).

Auf jeder Ebene kann sich die Fragmentierung entweder auf ein einzelnes Angebot oder auf ein mehrteiliges Angebotsspektrum beziehen. Grundsätzlich läßt sich die Fragmentierung nach zwei Angebotsperspektiven differenzieren: Die Fragmentierung der Mediennutzung kann zum einen nur für ein *einzelnes Angebot* betrachtet werden. Zum anderen kann die Fragmentierung im Hinblick auf ein *Medienrepertoire,* also hinsichtlich zweier oder mehrerer Angebote, bestimmt werden. Die Betrachtung eines Medienrepertoires dominiert in der bisherigen Literatur zur Mediennutzung[21] und ist auch für die vorliegende Arbeit die maßgebliche Perspektive. Es geht dabei um die gesamthafte Betrachtung mehrerer Medienangebote gleichzeitig und in ihrer Gesamtheit.

Schaubild 4: Die Ebenen der Fragmentierung

1. Ebene der Kommunikationskanäle
2. Ebene der Mediengattungen
3. Ebene der Rundfunksender und Printtitel
4. Ebene der Sendungen, Sendungsausschnitte und Sendungsschnipsel
5. Ebene der Wahrnehmung
6. Ebene der Inhalte und Genres
7. Ebene des Rundfunksystems
8. Ebene der Raumdimension
9. Ebene der Zeitdimension

21 Vgl. zur Relevanz des Medienrepertoire bei der Mediennutzung Kiefer, 1992; Kubitschke & Trebbe, 1992; Niesel, 1995; Weiß & Hasebrink, 1995, S 189.

Was ist nun unter diesen Ebenen der Fragmentierung zu verstehen und welche Beziehungen bestehen zwischen den Ebenen untereinander? Im folgenden wird jede einzelne Angebotsbene des obigen Schaubilds kurz erläutert, wobei auf die Ebene der Raumdimension und die Ebene der Zeitdimension etwas ausführlicher eingegangen wird.[22]

Die erste und gröbste *Ebene der Kommunikationskanäle* differenziert die Mediennutzung nur grob nach den drei Kanälen „Lesen“, „Sehen“ und „Hören“. Diese drei Kanäle umfassen jeweils alle Printgattungen und Lesemedien, alle rein auditiven Angebote und alle Angebote mit visuellem Schwerpunkt. Diese drei klassischen Kommunikationskanäle lassen sich durch einen Kanal „Multimedia“ oder „interaktive Angebote“ ergänzen, der die zunehmende Angebotsvielfalt im Online- und Internet-Bereich bündelt. Bereits auf dieser Kanalebene kann Fragmentierung auftreten, wenn sich Personen(gruppen) in der Nutzung der drei Kanäle von anderen unterscheiden.

Auf der *Ebene der Mediengattungen* geht es um die Nutzung verschiedener Gattungen wie zum Beispiel Fernsehen, Hörfunk, Zeitung und Zeitschriften. Hauptkriterium zur Abgrenzung dieser Gattungsebene von der dritten Ebene der Rundfunksender bzw. Printtitel ist der Grad der Differenziertheit: Sobald es um die Nutzung konkreter, namentlich genannter Sender oder Printtitel, also beispielsweise um die Fragmentierung der Fernsehprogrammnutzung im deutschen Fernsehmarkt geht (ARD, ZDF, RTL, Pro7 etc.), bewegt man sich auf der Senderebene und damit auf der nächsten Fragmentierungsebene.

Die Ebene der *Rundfunksender und Printtitel,* eine Differenzierung und Verfeinerung der Gattungsebene, führt den Blick auf die Nutzung verschiedener Angebote *innerhalb* einzelner Mediengattungen. Diese Ebene läßt sich insbesondere für das Fernsehen beliebig verfeinern und differenzieren. Die *Ebene der Sendungen, Sendungsausschnitte und Sendungsschnipsel* ist eine solche strukturelle Verfeinerung.[23] Zu dieser

22 Diesem eher theoretischen Vorhaben folgt in Kapitel 3 seine empirische Entsprechung, indem jeder Ebene literaturbasiert Anhaltspunkte zugeordnet und damit die nachfolgend vorgestellten Überlegungen erweitert und ergänzt werden.

23 Im Printbereich würden der Sendungsebene Teile des Gesamtprodukts, d.h. einzelne Zeitungsbücher oder bestimmte Artikel entsprechen. Doch diese spielen bei den Fragmentierungsüberlegungen in der Literatur keine Rolle und sind auch für die vorliegende Arbeit nicht relevant.

Ebene zählen einzelne Fernsehsendungen, Teile und Ausschnitte von Sendungen.

Die *Ebene der Wahrnehmung,* d.h. die Erfassung der Aufmerksamkeit und des Involvements *während* der tatsächlichen Mediennutzung, ist eine weitere denkbare Differenzierung in der Erfassung kleiner und kleinster Teile von Medienbotschaften, die beim Rezipienten durch die Nutzung zu Medienerfahrungen werden können. Die Annahme hierzu lautet: Weil die Nutzerschaft unterschiedlich aufmerksam rezipiert und dadurch Unterschiedliches wahrnimmt, kann nicht davon ausgegangen werden, daß von allen dasselbe *wahrgenommen* und aufmerksam verfolgt wird. Bei einem anschließenden Gespräch über das objektiv von allen Genutzte können dann subjektive Wahrnehmungs- bzw. Aufmerksamkeitsmechanismen zutage treten und trotz Überschneidung in der eigentlichen Nutzung von Medienangeboten als Kommunikationsbarriere wirken. Mit dieser Argumentation kann jeder noch so differenziert erfaßte Nutzungsvorgang und die gesamte Fragmentierungsdebatte letztendlich in Frage gestellt werden.

Bis zu dieser fünften Ebene der Wahrnehmung handelt es sich um eine Differenzierung des Betrachtungsgegenstandes bei der Fragmentierung und um eine Annäherung an das tatsächlich rezipierte. Je feiner und detaillierter die Nutzung von Medienbotschaften betrachtet wird und je näher man dem tatsächlich genutzten und auch wahrgenommenen Ausschnitt kommt, desto exakter erfaßt man den potentiellen Medieninput für spätere gemeinsame Gespräche. Die nachfolgenden Ebenen heben sich von der Differenzierungsfolge ab.

Um die Präferenz und Nutzung von Inhalten, Themen und Genres geht es auf der *Ebene der Inhalte und Genres.* Auf diese Ebene bezieht sich die Fragmentierungsdebatte in ihrer Konsequenz. Sie geht davon aus, daß durch die Fragmentierung und damit die Nutzung unterschiedlicher Medien kein gemeinsames *Themen*verständnis im Gesamtpublikum mehr vorhanden ist und daß ohne gemeinsame thematische Anknüpfungspunkte der zur Integration notwendige Diskurs in der Gesellschaft abbricht (vgl. Kapitel 1). Fragmentierung bedeutet auf dieser Ebene also, daß ein Nutzer sich anderen Genres oder inhaltlichen Bereichen zuwendet als die anderen. Der Begriff Medienrepertoire bezieht sich auf dieser Ebene auf verschiedene Genres und Inhalte in ihrer Gesamtheit.

Die *Ebene des Rundfunksystems* beruht auf den beiden Säulen des dualen Systems. Fragmentierung kann entlang des dualen Rundfunksystems auftreten, indem zum Beispiel von einer Person(engruppe) nur öffentlich-rechtliche, von der anderen dagegen ausschließlich privatrechtliche Rundfunkangebote genutzt werden. Auf dieser Ebene wäre zusätzlich auch noch eine dritte Säule des bundesdeutschen Rundfunksystems denkbar, die zusätzliches Fragmentierungspotential bieten könnte: die nichtkommerziellen Rundfunkangebote wie zum Beispiel nichtkommerzielle Radios oder offene Kanäle im Fernsehen. Bezieht man diese Rundfunksystemkomponente mit ein, so handelt es sich um drei Säulen eines Rundfunksystems, die Repertoirebasis für eine Fragmentierung auf dieser Ebene sein können.

Die Ebene der Raumdimension und die Ebene der Zeitdimension werden im folgenden ausführlicher vorgestellt und hinsichtlich ihrer Fragmentierungsstrukturen diskutiert, weil sie in einem komplexeren Zusammenhang stehen. Es handelt sich nämlich hierbei um Ebenen, die ich als *Referenzebenen* bezeichne, d.h. Ebenen, die Fragmentierung nur im Zusammenspiel mit einer der anderen Fragmentierungsebenen abbilden können

Der *Ebene der Raumdimension* liegt das Verbreitungsgebiet (z.B. lokal versus bundesweit) und die inhaltliche Ausrichtung der Angebote (lokale Inhalte versus nicht-lokale Inhalte) als Fragmentierungsdimension zugrunde. Welche Fragmentierungsstrukturen sind auf der Ebene Raumdimension denkbar? Zum einen kann *ausschließlich* der lokal-regionale Medienmarkt im Hinblick auf die Fragmentierung betrachtet werden. Dort könnte dann die Mediennutzung nach weiteren Fragmentierungsebenen wie zum Beispiel der Ebene der Kommunikationskanäle (nur lokale Kanäle), der Ebene der Mediengattungen oder der Ebene der Rundfunksender und Printtitel differenziert werden. Zum anderen wäre es auch interessant, das *gesamte* lokale, regionale, nationale und globale Medienangebot als Nutzungsbasis der Fragmentierung einzubeziehen und im Hinblick auf räumliche Dimensionen zu differenzieren. Folgende Fragen ließen sich damit beantworten: Gibt es überhaupt eine Fragmentierung entlang räumlicher Dimensionen, die zum Beispiel Nutzer von Lokalmedien und Nutzer globaler Medien als exklusive Teilpublika voneinander trennt? Entwickeln sich großräumige und kleinräumige Kommunikationsdimensionen parallel? Tritt möglicherweise eine Rückzugsbewegung in den lokalen Kommunikationsraum und dessen Medienangebote ein, weil – so eine hypothetische Erklärung – die nationale Öffentlichkeit durch die Fragmentierung der Mediennutzung an Zusammenhalt verliert? Die Fragen machen die Relevanz des lokalen Kommunikationsraumes und seine Berücksichtigung beim Fragmentierungsphänomen deutlich. Außerdem ist gerade das lokale Medienangebot von äußerster gesellschaftspolitischer Relevanz für die Fragmentierung aufgrund seiner Kraft zur Integration der Bevölkerung und damit seinem potentiellen Beitrag zum Abbau der Fragmentierung (vgl. z.B. McLeod et.al., 1996; Rothenbuhler, Mullen, De Carell & Ryan, 1996).

Auf allen bisherigen Ebenen wurde Fragmentierung unter der Bedeutung diskutiert, *daß* Medienangebote genutzt werden, die andere nicht nutzen. Es wurde damit also nur die Nutzung von der Nichtnutzung unterschieden. Fragmentierung kann jedoch auch auf einer *Ebene der Zeitdimension*[24] betrachtet werden. Bei der Frage, wie sich der zeitgebundene Nutzungsmodus jeweils auf den Grad der Fragmentierung auswirkt, können der Nutzungszeitraum, der Nutzungszeitpunkt und der Nutzungsrhythmus bzw. die Nutzungsintensität unterschieden werden. Folgende Überlegungen sind hier plausibel.

Der Grad der Fragmentierung wird maßgeblich vom gewählten *Nutzungszeitraum* mitbestimmt: Je größer der Zeitraum der Nutzung eines bestimmten Angebotes gewählt wird, desto größer wird die Anzahl der Nutzer dieses Angebotes beim Publikum sein. Jeder Nutzer, der in diesem Zeitraum Kontakt zum Medienangebot hat, gehört dann automatisch zur Nutzerschaft und der Überschneidungsgrad wächst. Ein Beispiel für die Gattung Radio: In einem Nutzungszeitraum von 13 bis 14 Uhr wird nicht jeder Radio gehört haben, während im Zeitraum von drei Monaten vermutlich beinahe jeder mit dem Medium Radio Kontakt hatte. Der Fragmentierungsgrad der Hörfunknutzung verringert sich also mit der Ausweitung des Nutzungszeitraums erheblich.

Der *Nutzungszeitpunkt* spielt eine weitere wichtige Rolle bei der Bestimmung des Fragmentierungsgrades. In der Fragmentierungsdebatte

---

24 Bei der Fragmentierung geht es nur um die Nutzung von Massenkommunikation, die sich an ein disperses Publikum richtet, d.h. „eine große Zahl von räumlich getrennten Individuen oder Gruppen (z.B. Familien), die eine durch ein Massenmedium verbreitete öffentliche Aussage empfangen." (Maletzke, 1976, S. 4). Der Nutzungsort spielt daher keine Rolle.

wird davon ausgegangen, daß man sich nach der Rezeption über das Gesehene, Gehörte oder Gelesene mit anderen unterhalten kann (vgl. Kapitel 1). Eine gemeinsame vorangegangene Nutzung ist damit eine Voraussetzung für die Überschneidung. Muß dafür die Nutzung *zeitgleich* sein und an einem gemeinsamen Nutzungszeitpunkt festgemacht werden? Und was bedeutet es für die Fragmentierung, wenn die Nutzung *zeitlich versetzt* stattfindet? Diese Fragen zum Nutzungszeitpunkt verlangen je nach Mediengattung und ihrer spezifischen Eigenschaften eine eigene Antwort:

1. *Printmedien* vermitteln ihre Inhalte im Gegensatz zum Rundfunk nicht zeitlich organisiert, d.h. Lesen findet in der Regel nicht gleichzeitig und auch nicht gemeinsam statt.[25] Der Lesezeitpunkt muß daher für eine Überschneidung nicht gleichzeitig sein, aber einem potentiellen Gespräch über das Gelesene vorausgehen, damit man sich *nach* dem Lesen über Gelesenes unterhalten kann. Ein Beispiel: Bei einem Nutzungszeitraum von einem Tag spielt es für die Überschneidung dann eine Rolle, ob man die Zeitung morgens oder abends liest, wenn Gespräche darüber am Nachmittag stattfinden (Zeitpunkt). Dabei gilt für den Überschneidungsgrad der Leserschaft einer ganz bestimmten Printausgabe: Je näher die Nutzung am Erscheinungszeitpunkt der Information liegt (z.B. Ausgabetag), desto größer die Chance, sich in seiner Mediennutzung mit anderen zu überschneiden. Und je kürzer die „Lebensdauer" oder Aktualitätsphase eines Printangebotes, desto geringer ist der zeitliche Spielraum für Überschneidungen.
2. Beim *Fernsehen* ist die zeitgleiche Nutzung dagegen aufgrund der spezifischen Eigenschaften dieses Mediums unabdingbar, um ein gemeinsames Erlebnis und damit Gesprächsstoff zu haben. Denn Fernsehen ist zeitlich durch ein Programm organisiert. Allerdings kann die zeitliche Restriktion mit Hilfe eines Videorekorders oder durch Wiederholungen im Programm überwunden werden. Dann tritt eine ähnliche Situation ein wie bei den Printmedien: Videoaufzeich-

25 Printmedien könnten damit per se als hochindividualisierte Medien und Lesen als eine individuelle Form der Mediennutzung bezeichnet werden.

nungen sind zeitlich versetzt und können als gemeinsame Basis zur anschließenden Unterhaltung dienen.

3. Das *Radio* weist dieselben Medienspezifika wie das Fernsehen auf, daher gelten dieselben Bedingungen für die Fragmentierung. Allerdings gibt es hier für die zeitgleiche Nutzung aus zwei Gründen weniger Chancen: Erstens ist es beim Radio nicht üblich, Sendungen aufzuzeichnen und zeitversetzt anzuhören, und auch Wiederholungen kommen im Radioprogramm praktisch nicht vor. Zweitens ist Radio kein gezieltes Einschaltmedium, sondern wird eher nebenbei genutzt. Dabei können manche Informationen auch verloren gehen. Beim Radio ist also die Chance für die gleichzeitige Wahrnehmung von Angeboten unter den klassischen Mediengattungen vermutlich am geringsten.
4. *Interaktiv nutzbar Medien* wie z.B. Online-Angebote stellen den größtmöglichen Grad an zeitlicher und auch inhaltlicher Flexibilität dar, denn sie besitzen keine Zeitgeberfunktion. Der Nutzer kann hier selbst bestimmen, wann er welches Angebot nutzen möchte, so daß Nutzung zu völlig unterschiedlichen Zeitpunkten stattfinden kann. Eine zeitlich gemeinsame Mediennutzung gleicher Inhalte ist daher eher unwahrscheinlich. Es wäre jedoch auch denkbar, daß die Interaktivität gerade dazu eingesetzt wird, um zeitlich versetzt ein inhaltlich gemeinsames Nutzungserlebnis herzustellen: Etwa wenn mit dem Videorekorder Sendungen aufgezeichnet und angeschaut werden, die man zum Sendezeitpunkt nicht sehen konnte. Ebenso könnten interaktive fernseh- oder computerbasierte Angebote auch später genutzt werden, wenn man merkt, daß sie im Gespräch sind. Damit wäre die Gemeinsamkeit der Mediennutzung mit den anderen Zuschauern zeitversetzt wieder hergestellt und der Fragmentierungsgrad in einem Zeitrahmen dadurch verkleinert. Denkbar sind auch Fragmentierungsmuster, die auf dem *Nutzungsrhythmus* basieren, etwa wenn dieselben Medienangebote von einer Nutzergruppe sehr häufig, von der anderen sehr selten genutzt werden. Dies ist auch ein Ausdruck von unterschiedlicher *Nutzungsintensität.* Um diesen Aspekt bei der Messung des Überschneidungsgrades zu berücksichtigen, muß der Nutzungsrhythmus erhoben, abgebildet und unter den Nutzern verglichen werden (z.B. täglich, wöchentlich, monatlich etc.). Dabei klingt es einleuchtend, daß ein stark unterschiedlicher Nutzungsrhythmus einen eher hohen Fragmentierungsgrad anzeigt.

Denn wenn der eine täglich und der andere monatlich ein Medienangebot nutzt, ist die Wahrscheinlichkeit der Überschneidung bei der Rezeption konkreter Angebote geringer als bei einem gleichen Nutzungsmodus.

Insgesamt wird nach diesen Überlegungen deutlich, daß die Wahl der Zeitdimension erhebliche Auswirkungen auf die Fragmentierung der Mediennutzung haben kann. Daher sollte im Zusammenhang mit der Fragmentierung immer explizit und präzise angegeben werden, welcher Nutzungszeitraum, -zeitpunkt oder -rhythmus und welche Nutzungsintensität den Annahmen und Aussagen zugrunde liegen.

Soweit die einzelnen Ebenen, die zunächst unabhängig voneinander beschrieben wurden. Es wurde bereits erwähnt, daß die Ebenen der Raumdimension und der Zeitdimension jeweils Referenzebenen sind, die die anderen Ebenen differenzieren können.[26] *Wie stehen die anderen Ebenen zueinander in Beziehung?* Sind sie tatsächlich unabhängig voneinander oder lassen sich Fragmentierungsstrukturen von der einen zur anderen Ebene ableiten? Diese Frage läßt sich anhand der folgenden Beispiele verdeutlichen und beantworten, wobei hier zur Vereinfachung dichotom (Nutzung versus Nichtnutzung) verfahren wird.

Beziehungen und Zusammenhänge zwischen den Ebenen

Die ersten vier Ebenen stellen eine stufenweise *strukturelle Verfeinerung* bei der Abbildung der Mediennutzung dar, indem wie mit einer Lupe der Nutzungsgegenstand, d.h. das Medienangebot, von Ebene zu Ebene immer mehr vergrößert und genauer betrachtet wird, also von der Ebene der Kommunikationskanäle über die Ebenen der Mediengattungen und Rundfunksender / Printtitel bis zur Ebene der Sendungen, Sendungsausschnitte und Wahrnehmungsschnipsel.

Die Ebene der Inhalte und Genres ist von dieser strukturellen Differenzierung ausgenommen. Allerdings steht auch sie in einem Zusammenhang mit den ersten vier Ebenen, wie folgende Beispiele deutlich

26 Am Beispiel der Ebene der Raumdimension sieht dies folgendermaßen aus (der räumliche Aspekt jeweils in Klammern): Ebene der Gattungen (Ballungsraumfernsehen versus bundesweit verbreitetes Fernsehen), Ebene der Sendungen oder Printtitel („Landesschau" versus „Tagesschau" bzw. „Stuttgarter Zeitung" versus „FAZ") und Ebene der Inhalte (Lokalsport versus Bundesliga).

machen: Medienangebote, die auf der Ebene der Sendungen abgebildet werden, lassen sich in Genres oder inhaltliche Kategorien bündeln (vgl. Gerhards, Grajczyk & Klingler, 1999). Damit wird aus der Ebene konkreter Sendungen eine verdichtete Ebene der Inhalte gebildet.

Ein gewisses Abhängigkeitsverhältnis von anderen Ebenen erfährt die Ebene der Inhalte und Genres auch dann, wenn bestimmte Inhalte mit bestimmten Mediengattungen (Ebene 2), Rundfunksendern bzw. Printtiteln (Ebene 3) oder bestimmten Sendungen bzw. ihren Ausschnitten (Ebene 4) verknüpft sind. Wenn nämlich bestimmte Medienangebote auf einer dieser drei Ebenen nicht genutzt werden, die möglicherweise die Genres auch noch exklusiv transportieren, ist es denkbar, daß manche Menschen durch die Fragmentierung auf der Ebene zwei, drei oder vier systematisch auch bei bestimmten Genres fragmentiert sind. Die Fragmentierung überträgt sich in diesem Beispiel vom Trägermedium bzw. der Quelle auf die Inhalte und Genres. Kausal gesprochen könnte dann die Nichtnutzung bestimmter Mediengattungen, Rundfunksender bzw. Printtitel, Sendungen oder Sendungsausschnitte schuld daran sein, daß manche Rezipienten durch bestimmte Genres und Inhalte nicht erreicht werden. Diese Ebenen würden damit für die Nutzer zum Gatekeeper bestimmter Genres.

Die verschiedenen Ebenen sind im Hinblick auf die Fragmentierung der Mediennutzung *nicht konsistent* und vergleichbar. Dieselben Nutzungsstrukturen können auf jeder Ebene völlig unterschiedliche Fragmentierungsgrade besitzen. Während sich die eine Ebene durch ein Höchstmaß an Gemeinsamkeit und Überschneidung auszeichnet, kann die andere Ebene hochfragmentiert sein. Folgendes Beispiel macht dies an der Ebene der Rundfunksender und der Inhalte deutlich: Die ARD strahlt die 20-Uhr-Ausgabe der „Tagesschau“ nicht nur im Ersten, sondern auch in allen dritten Regionalprogrammen und im Dokumentationskanal „Phoenix“ aus. Geht man davon aus, daß sich ein Gesamtpublikum auf alle diese Kanäle in Gruppen so verteilt, daß es sich nicht überschneidet, so liegt auf der Ebene der Rundfunksender Fragmentierung vor. Auf der *Inhaltsebene* jedoch sehen alle das gleiche, hier besteht deshalb keine Fragmentierung, sondern hundertprozentige Überschneidung in der Nutzung der „Tagesschau“. Dieses Beispiel läßt sich noch nach der *Ebene der Zeitdimension,* hier dem Nutzungszeitpunkt, differenzieren und damit eine Beziehung zwischen drei Fragmentierungsebenen konstruieren. Dann geht es nicht mehr nur darum, ob man die Tagesschau gesehen hat oder nicht, sondern auch noch um den Nutzungszeitpunkt. Das heißt: Nur diejenigen, die die Sendung gleichzeitig gesehen haben, können sich direkt im Anschluß daran auch darüber unterhalten. Alle anderen, die etwa die Sendung erst eine Stunde später verfolgen, sind von diesem gemeinsamen Medienerlebnis zunächst ausgeschlossen. Damit kann das Publikum hinsichtlich der „Tagesschau“ fragmentiert sein.

Ein weiteres Beispiel für das Verhältnis der *Ebene der Inhalte* und der *Gattungen* lautet: Wenn sich jemand über das Thema Berufe im Fernsehen, der andere über Berufe in der Zeitung und ein Dritter über Berufe in Fachzeitschriften informiert, besteht trotz Rezeption unterschiedlicher Mediengattungen Inhaltsgleichheit.[27] Auf der Mediengattungsebene entspricht diese Nutzungssituation einer Fragmentierung, da drei unterschiedliche Mediengattungen zur Information genutzt werden. Auf der Inhalts- und Genreebene dagegen kann nicht von Fragmentierung die Rede sein, da die Nutzer sich mit denselben Inhalten beschäftigt haben.

Ging es bisher um eher *theoretische Überlegungen zur Fragmentierung,* werden im folgenden Kapitel empirische Anhaltspunkte und plausible Vermutungen aus der Literatur und der Forschung für die Fragmentierung auf jeder Ebene vorgestellt. Hier zeigt sich auch, inwieweit das Fragmentierungsphänomen empirisch durchdrungen, „abgesichert“ und belegt ist.

---

27 Von der unterschiedlichen Aufbereitung und Meinungsfärbung sehe ich hier ab.

3. Empirische Anhaltspunkte und plausible Vermutungen zur Fragmentierung

Ziel dieses Kapitels ist die Bestandsaufnahme und Ordnung empirischer Anhaltspunkte und plausibler Vermutungen, die in der Literatur zur Fragmentierung vorliegen. Für dieses Vorhaben sind zwei Fragen leitend:

1. Was ist bisher über das *Ausmaß der Fragmentierung* auf den verschiedenen Ebenen bekannt? Diese Frage greift auf die in Kapitel 2.2 vorgestellten *Fragmentierungsebenen* zurück und stellt empirische Anhaltspunkte aus der Literatur vor, die zu jeder Ebene vorliegen oder ihr plausiblerweise zugeordnet werden können.
2. Womit hängt die Fragmentierung zusammen und wer ist besonders davon „betroffen"? Hier geht es um *Determinanten* der Fragmentierung, also Faktoren, die das Zustandekommen, das Ausmaß und die Ausprägungen der Fragmentierung beeinflussen können und sie erklären.

Beide Fragen werden in den folgenden zwei Unterkapiteln beantwortet. Zunächst geht es um das Ausmaß, die Erscheinungsform und die Struktur der Fragmentierung auf den verschiedenen Ebenen, die bei der Fragmentierung unterschieden werden können.

3.1 Das Ausmaß der Fragmentierung

Zu den in Kapitel 2.2 vorgestellten neun Ebenen der Fragmentierung liegen in der Literatur empirische Befunde und plausible Vermutungen in unterschiedlichem Umfang und in unterschiedlicher Qualität vor. Sie werden in diesem Kapitel nacheinander für jede Ebene einzeln und daher in neun Abschnitten vorgestellt. Dadurch werden neben der Relevanz der Ebenen in der Fragmentierungsdiskussion auch Forschungslücken deutlich. Im einzelnen geht es um folgende neun Ebenen der Fragmentierung: die Ebene der Kommunikationskanäle, die Ebene der Mediengattungen, die Ebene der Rundfunksender und Printtitel, die Ebene der Sendungen, Sendungsausschnitte und Sendungsschnipsel, die Ebene der Wahrnehmung, die Ebene der Inhalte und Genres, die Ebene des Rundfunksystems, die Ebene der Raumdimension und die Ebene der Zeitdimension.

1. Ebene der Kommunikationskanäle

Diese Ebene spielt in der Fragmentierungsdiskussion bisher keine Rolle, und es lassen sich auch keine empirischen Belege für Fragmentierungsstrukturen auf dieser Ebene in der Literatur finden.

2. Ebene der Mediengattungen

Es gibt nur wenige empirische Anhaltspunkte für die Fragmentierung der Mediennutzung auf der Gattungsebene. Diese finden sich in einer klassischen Studie, die die Nutzung von Fernsehen, Hörfunk und Zeitung repräsentativ für Deutschland untersucht: die Langzeituntersuchung Massenkommunikation (aktuell: Berg & Kiefer, 1996). In dieser Studie spielt die Fragmentierung der Mediennutzung zwar keine forschungsleitende Rolle, doch finden sich einige Anhaltspunkte, die dafür herangezogen werden können:

- Betrachtet man die Überschneidung im Hinblick auf die Nutzung nur einer Mediengattung, so ist die tägliche Reichweite jeder der drei Gattungen ein Hinweis darauf, wie groß die Fragmentierung der Nutzung ist (Kiefer, 1996). Die täglichen Reichweiten des Fernsehens mit 83 Prozent, des Hörfunks mit 75 Prozent und der Tageszeitung mit 65 Prozent zeigen für jedes einzelne Medium unterschiedliche Fragmentierungsgrade: Am geringsten ist die Fragmentierung bei der Nutzung des Fernsehens, etwas größer beim Hörfunk und am größten bei der Tageszeitung.
- Betrachtet man die Überschneidung im Hinblick auf die Nutzung des Repertoires aller drei Mediengattungen, ist die Überschneidung deutlich geringer und der Fragmentierungsgrad damit größer: Nur noch 46 Prozent aller Deutschen und damit weniger als die Hälfte werden an einem durchschnittlichen Werktag von Hörfunk, Zeitung sowie Fernsehen erreicht (Berg & Kiefer, 1996). Diese Zahl macht deutlich, daß längst nicht die ganze Bevölkerung wenigstens ein ge-

meinsames Repertoire an relativ grundlegenden, überall erhältlichen und weitverbreiteten Mediengattungen täglich nutzt.

Empirische Anhaltspunkte für eine Fragmentierung auf der Gattungsebene, besonders unter Berücksichtigung der Überschneidung in der Nutzung mehrerer Gattungen (Repertoire), fehlen weitgehend in der bisherigen Medienforschung. Es gibt zwar Nutzungsstudien, die mehrere Gattungen und Angebote untersuchen (Kliment, 1997; Kubitschke & Trebbe, 1992), in diesen ist der Aspekt der Überschneidung jedoch in keiner Weise berücksichtigt. Daher sind diese Arbeiten für Hinweise auf Fragmentierung unbrauchbar. Zudem müssen zukünftig neben den bisher angeführten klassischen Massenmedien auch interaktive Medien wie zum Beispiel Online-Angebote im Hinblick auf die Fragmentierung berücksichtigt werden. Gerade die Online-Medien bzw. das Internet verschärfen das Fragmentierungspotential enorm, da sie dem Nutzer zeitlich völlig freie Auswahl und inhaltlich einen enormen Angebotsumfang bieten.

3. Ebene der Rundfunksender und Printtitel

Auf dieser Ebene wird die Fragmentierung der Mediennutzung am häufigsten diskutiert und belegt. Wenn in der öffentlichen Diskussion das Fragmentierungsphänomen überhaupt mit empirischen Belegen untermauert wird, dann werden quantitative Reichweiten von Medienangeboten herangezogen, insbesondere Zuschauermarktanteile im Fernsehen. Es handelt sich hier also um eine stark fernsehzentrierte Ebene. Belegt wird die Fragmentierung des Fernsehmarktes durch die sinkenden Zuschaueranteile der ehemals reichweitenstarken öffentlich-rechtlichen Fernsehsender seit dem Hinzukommen von privaten Vollprogrammen und Spartensendern (z.B. Checketts, 1993; Hasebrink, 1994 und 1997; Holtz-Bacha, 1997; Holtz-Bacha & Peiser, 1999; Kliment, 1997; McQuail, 1997; Meurs, 1999, S. 23; Stolte, 1998a, S. 19; Webster, 1986; Webster, 1997). Der nur gering gewachsene Fernsehkonsum der Deutschen verteilt sich nicht mehr auf zwei große, sondern auf mehrere mittelgroße TV-Sender, wovon der stärkste durchschnittlich 15 Prozent der Zuschauer an sich bindet (Die TV-Bilanz, 2000). Deutschland gilt damit als der am meisten fragmentierte Fernsehmarkt in Europa. In keinem anderen europäischen Land erreichen die reichweitenstärksten Sender einen so niedrigen Anteil an der Fernsehnutzung (IP Deutschland, 1998,

S. 15) und vereinen damit so wenige Menschen über ihr Programmangebot. Und die Verringerung der Marktanteile wird durch die digitale Fernsehprogrammvielfalt und zusätzliche Pay-Angebote noch zunehmen (Werbewirtschaft, 1998).

Für die *Zeitschriften* zeichnet sich ein ähnlicher Trend zu einer Vielzahl immer mehr und immer kleinerer Zuschauerfragmente ab: Die Auflagen der General-Interest-Titel nehmen zugunsten der expandierenden Special-Interest-Zeitschriften ab (Mast, 1997, S. 222). Und die Titelzahl kleiner Spezialzeitschriften mit weniger als zwei Prozent Reichweite hat in letzter Zeit besonders stark zugenommen (Niesel, 1998, S. 119). Beides wird in der Literatur als Indikator für die Fragmentierung der Leserschaft interpretiert (Bild, 1998, S. 11).

Diese quantitativen Reichweitenentwicklungen bei Printtiteln und Fernsehsendern sind jedoch keine ausreichenden Indikatoren für die Fragmentierung und den damit verbundenen Grad der Überschneidung in der Mediennutzung (vgl. hierzu Kapitel 2.1). Denn hinter den sich aus einer Angebotsperspektive so plausibel abzeichnenden Marktanteile sind eine Vielzahl möglicher Nutzungsprozesse denkbar, die für das Zustandekommen der Zahlen maßgeblich sind (vgl. Jäckel, 1996, S. 175, 199). Zur Messung von Fragmentierung müßte man daher das Ausmaß der *Überschneidung von Publika* verschiedener Fernsehsender und Printtitel abbilden. In der bisherigen Literatur gibt es aber keine Hinweise zur Frage, inwiefern sich Mediennutzer in einem Repertoire von Kanälen oder auch Printtiteln überlappen.

4. Ebene der Sendungen, Sendungsausschnitte und Sendungsschnipsel[28]

Genauso wie die Zuschauermarktanteile der Fernsehprogramme verringern sich auch die Reichweiten einzelner *Sendungen.* Als Spitzenquoten galten früher Zuschaueranteile von bis zu 50 Prozent pro Sendung, heute muß sich eine Sendung im Durchschnitt mit einem Anteil von 15 Prozent zufrieden geben (Darschin, 1998, 1999; Holtz-Bacha, 1997, S. 14). Situationsbedingte Ausnahmen, aufgrund derer sich die Mehrheit des Fernsehpublikums vor dem Bildschirm versammelt, zum Beispiel die

28 Diese Ebene bezieht sich rein auf das Medium Fernsehen.

Übertragung der Fußballweltmeisterschaft[29] oder Katastrophenmeldungen, gibt es natürlich weiterhin.

Sendungsausschnitte und – noch differenzierter – *Sendungsschnipsel* können durch die GfK-Datenanalyse erfaßt werden. Dabei handelt es sich um ein Instrument, das die Fernsehnutzung einer Person in kleinsten Sequenzen mißt.[30] Dadurch gewinnt man Einblick in das Zapping-Verhalten, das in der Literatur als Indikator für die Fragmentierung herangezogen wird. Tatsächlich deuten Ergebnisse der Fernsehforschung auf eine Zerstückelung der Fernsehnutzung hin, die durch die Fernbedienung und durch eine große verfügbare Programmzahl gefördert wird (Hasebrink, 1994; Hasebrink & Krotz, 1996; Jäckel, 1993; Krotz, 1991; Krotz, 1994). Die Rezipienten nutzen offenbar individuell verschiedene Fernsehangebote und -ausschnitte, so daß die Überschneidungen in der Fernsehnutzung des Publikums gering sein könnten. Die Zuschauer orientieren sich offenbar auch immer weniger an der vorgegebenen Programmstruktur des Fernsehens und seiner Zeitgeberfunktion. Doch es gibt Ausnahmen: Die Tagesschau kommt um 20 Uhr und diktiert damit der Mehrheit des deutschen Fernsehpublikums die Fernsehnutzung (Darschin & Frank, 1998, S. 155-156). Diese Nachrichtensendung ist damit offenbar eine der letzten Bastionen, die (noch) gegen die Fragmentierung standhalten kann.

5. Ebene der Wahrnehmung

Nicht alles, was in den Medien genutzt wird, wird auch wahrgenommen. Vor diesem Hintergrund wird in der Literatur die parallele Nutzung mehrerer Medienangebote zu einem Zeitpunkt als Fragmentierungsindiz diskutiert (Hasebrink, 1994, S. 280) und zwar mit dem Argument, daß dadurch die *Wahrnehmung* und die Aufmerksamkeit gespalten und nicht

29 Die Fußballweltmeisterschaft 1998 erreichte bei den deutschen Zuschauern einen Marktanteil von bis zu 70 Prozent, dies entspricht 24 Millionen Fernsehzuschauern (Zubayr & Gerhard, 1998).

30 Neben der GfK-Messung gibt es dezeit kein Meßsystem, das für jeden einzelnen Nutzer das Rezeptionsmosaik erfaßt. Doch auch die GfK-Daten sind nicht ohne Nachteil: Sie erfassen nicht die Präsenz des Publikums vor dem Bildschirm und auch nicht sein Involvement. Ob einzelne Medienangebotsschnipsel also ankommen und auch tatsächlich wahrgenommen werden (dies betrifft die Ebene der Wahrnehmung), bleibt bei der GfK-Messung offen.

auf einen einzigen Fokus konzentriert ist. Dies ist plausibel, denn wenn jemand gleichzeitig Radio hört, im Internet surft und in einer Zeitschrift blättert (vgl. z.B. ARD/ZDF-Arbeitsgruppe Multimedia, 1999, S. 410-411; Medienpädagogischer Forschungsverbund Südwest, 1998; Stipp, 1998, S. 79) verteilt sich die *Aufmerksamkeit* des Publikums auf mehrere rezeptive Beschäftigungen gleichzeitig und verringert die Wahrscheinlichkeit, daß Leute gleiches sehen, hören oder lesen.[31] Argumentiert wird jedoch nur auf Vermutungs-Basis, gemessen und belegt ist die Annahme nicht. Dies hat einen einfachen Grund: Der individuelle Rezeptionsvorgang, die Wahrnehmung und die Verarbeitung des Rezipierten bei jedem einzelnen ist in seiner ganzen Komplexität und zudem im Hinblick auf die Überschneidung der Nutzer untereinander praktisch nicht meßbar. Je feiner und differenzierter die Nutzungsebene erfaßt und gemessen werden soll und je stärker es um die individuellen Verarbeitungsmechanismen während und nach der Nutzung geht, desto größer ist der Meßaufwand. Es gibt daher auch keine empirischen Studien, die das „Innenleben“ jedes einzelnen Nutzers im Hinblick auf Gemeinsamkeiten oder Unterschiede untersuchen.

6. Ebene der Inhalte und Genres

Daten aus zwei unterschiedlichen Quellen lassen sich für diese Ebene heranziehen: die Studie Massenkommunikation und die laufende GfK-Sendungscodierung. Bei der Studie Massenkommunikation handelt es sich um eine Sonderauswertung, die unterschiedliche inhaltliche Vorlieben der Mediennutzer belegt (Berens, Kiefer & Meder, 1997, S. 80). Sie stellt eine *Teilung des Publikums* nach überwiegend informations- bzw. unterhaltungsorientierter Nutzung von Medien fest. Dieser Befund ist aber als Beleg für Fragmentierung nicht ausreichend. Das Publikum wird eher im Sinne einer *Präferenz* gruppiert als durch die exklusive Nutzung einer Angebotsklasse (z.B. nur Informationsangebote).[32] Damit berücksichtigt die Gruppierung der Befragten nach der Nutzung von

---

31 Klaus Beck (2000) stellt zum Thema Aufmerksamkeit und Fragmentierung einige sehr interessante Forschungsfragen.

32 Als informationsorientierter Nutzer wurde definiert, wer sich zu 60 Prozent und mehr informativen Fernsehangeboten zuwendet (Berens, Kiefer & Meder, 1997, S. 82).

thematisch unterschiedlichen Inhalten nicht *die Überschneidungsanteile.* Außerdem sind die beiden Inhaltskategorien Information und Unterhaltung sehr grob und undifferenziert. Hier wäre eine Verfeinerung des Spektrums nach verschiedenen Unter-Genres sinnvoll. Und schließlich hat sich die Tendenz einer primär informationsorientierten bzw. primär unterhaltungsorientierten Nutzung aller drei Medien bis 1995 nachweislich deutlich abgeschwächt und ist weniger differenziert zu beobachten als in den letzten Erhebungswellen der Langzeitstudie (Berg & Kiefer, 1996, S. 229). Beachtliche Teile des Publikums nutzen heute beide Angebotstypen (Berens, Kiefer & Meder, 1997, S. 86).

Die Auswertung der GfK-Sendungscodierung bewegt sich auf der Ebene der (Fernseh-)Inhalte und ist eine nach den inhaltlichen Sparten Information/Infotainment, Sport, Unterhaltung, Fiction und Werbung differenzierte Nutzerstudie für das Fernsehen (Gerhards, Grajczyk & Klingler, 1999).[33]

Schaubild 5: Reichweite inhaltlicher Sparten im deutschen Fernsehen 1998

Information	63%
Sport	30%
Unterhaltung allgemein	39%
Fiction	63%
Werbung	57%

Basis: 75% der Bundesbürger, die an einem durchschnittlichen Tag ferngesehen haben.
Quelle: Gerhards, Grajczyk & Klingler, 1999, S. 392

33 Die Programmsparten setzen sich aus einzelnen Fernsehsendungen und aus Werbung zusammen. Diese Zusammenfassung ist allerdings sehr strittig und willkürlich. So werden die täglichen Talkshows zur Kategorie Unterhaltung gezählt, allerdings mit Ausnahme der Talksendungen „Arabella“ und „Andreas Türck“. Beide Sendungen werden von Pro7 der Sparte Information zugeordnet (Gerhards, Grajczyk & Klingler, 1999), was mehr als fraglich ist. Die valideste Lösung wäre eine Zuordnung durch das Fernsehpublikum selbst.

Die Nutzungsreichweiten der verschiedenen Sparten beim deutschen Fernsehpublikum ab drei Jahren geben für einen Durchschnittstag (Montag bis Sonntag) an, wie viele Bundesbürger zumindest kurz Informationssendungen, Sportsendungen etc. genutzt haben (vgl. Schaubild 5):

Jede Programmsparte weist unterschiedliche Fragmentierungsgrade auf. Die Sparten Fiction und Information werden täglich von fast zwei Drittel der Fernsehzuschauer gesehen (jeweils 63 %). Höhere Fragmentierungsgrade fallen bei der Unterhaltung allgemein und bei Sport auf. Die Sparten erreichen weniger als die Hälfte der Zuschauer und vereinigen damit nur eine Minderheit mit ihrem inhaltlichen Angebot. Mindernd wirken sich auf die Überschneidung außerdem diejenigen 25 Prozent der Deutschen aus, die an diesem Tag gar nicht ferngesehen haben.

7. Ebene des Rundfunksystems

Diese Fragmentierungsebene findet in der gesellschaftspolitischen Fragmentierungsdebatte keine Erwähnung. In der Mediennutzungsforschung gibt es dagegen für diese Ebene einige empirische Anhaltspunkte, die den Auftraggebern ARD und ZDF zur Legitimation der Programmleistungen und der Erfüllung des öffentlichen Auftrags dienen, etwa um zu belegen, daß das Publikum öffentlich-rechtlicher Programme gebildeter ist oder daß es im öffentlich-rechtlichen Programm vor allem ein informationshaltiges Angebot findet.[34] So ermittelt eine Sonderauswertung der Studie Massenkommunikation Exklusivnutzergruppen privater und öffentlich-rechtlicher Fernsehsender (Berens, Kiefer & Meder, 1997, S. 86): An einem Stichtag haben 28 Prozent der Deutschen nur öffentlich-rechtliche und 26 Prozent nur private Programme gesehen, 29 Prozent haben beide Programmtypen genutzt. Der Überschneidungsgrad beträgt also weniger als ein Drittel der Fernsehzuschauer.[35]

---

34 Die Befunde der Untersuchungen werden vorwiegend in der Zeitschrift Media Perspektiven und der dazugehörigen Schriftenreihe veröffentlicht.

35 Auch eine frühe Studie aus der Schweiz belegt eine Teilung der Nutzungspräferenzen im schweizerischen Radiomarkt entlang von Rundfunksystemstrukturen (Bonfadelli & Hättenschwiler, 1989). Bei der Einführung privater Angebote wenden sich die 14-29jährigen eher den neuen privaten Angeboten zu, während die über 30jährigen eher den traditionellen SRG-Radiosendern treu bleiben. Obwohl die Autoren von Fragmentierung reden (Bonfadelli & Hättenschwiler, 1989, S. 152), sind die Ergebnisse

Bei dieser Systemebene handelt es sich mit großer Wahrscheinlichkeit um eine „künstliche“ Ebene, hinter der vermutlich nicht das Rundfunksystem selbst steckt oder ideologische Ziele der Nutzer, sondern die inhaltliche Präsentation der jeweiligen Angebote und die Images, die mit den beiden Systemen verbunden sind. Anhaltspunkte für diese Vermutung liefert die Studie Massenkommunikation selbst. Sie stellt eine Verknüpfung zwischen der Präferenz für privaten Rundfunk und Unterhaltungsangebote sowie eine Präferenz für öffentlich-rechtlichen Rundfunk und Information fest (Berens, Kiefer & Meder, 1997; vgl. für das Fernsehen auch Darschin & Frank, 1998; Gerhards, Grajczyk & Klingler, 1999). Und die Überschneidung in der Nutzung beider Systeme nimmt beim Publikum im Zeitverlauf zu, die Fragmentierung nach Systemstrukturen wird also geringer (Berens, Kiefer & Meder, 1997), vermutlich weil der Reiz des Neuen der privaten Angebote bei den jüngeren Nutzern nachläßt und die traditionell entwickelten Nutzerstrukturen der älteren Generation langsam aufbrechen, indem private Angebote in das Repertoire aufgenommen werden.

8. Ebene der Raumdimension

Die Ebene der Raumdimension kommt in der bisherigen Literatur zur Fragmentierung nicht vor. Die Diskussion um die Fragmentierung der Mediennutzung und ihre empirischen Anhaltspunkte beschränken sich ausschließlich auf globale, bundesweite Medienangebote. Entwicklungen in *lokalen* oder *regionalen* Teilmärkten werden dabei völlig vernachlässigt. Sie werden weder als Ergänzung, noch als Vergleich zum globalen Medienangebot herangezogen.

9. Ebene der Zeitdimension

Welche Rolle spielt die Ebene der Zeitdimension in der bisherigen Literatur? Die medienpolitische Fragmentierungsdebatte geht gar nicht auf diese Ebene ein. Anhaltspunkte aus der Medienforschung betreffen zum einen den *Nutzungszeitpunkt,* zum anderen die *Nutzungsintensität.* Der Nutzungszeitraum wird nicht berücksichtigt. So wird der Trend zur zu-

---

als Fragmentierungsbeleg für die vorliegende Arbeit nicht ausreichend. Dazu hätte der Überschneidungsanteil berücksichtigt werden müssen.

nehmenden zeitlichen Ausdifferenzierung der Fernsehnutzung über den ganzen Tag und die Auflösung von gemeinsamen Nutzungszeitpunkten als Fragmentierungsbeleg interpretiert (Hasebrink, 1994). Der Nutzungsgipfel während der Primetime (18 und 20 Uhr) sinkt etwas und die Randzeiten bzw. die Nacht gewinnen an Nutzern (vgl. auch Darschin, 1998, 1999; Eimeren & Maier-Lesch, 1997).[36] Allerdings ist die Verteilung der Fernsehnutzung im Tagesablauf noch kein ausreichender Beleg für Fragmentierung. Das Nutzungsverhalten kann ein hohes Maß an gemeinsamer Mediennutzung und damit Überschneidung bergen, wenn sich dieser Trend bei allen Publikumsmitgliedern in gleicher Weise abspielt. Inwiefern sich die Nutzer in ihrer Nutzung im Tagesablauf zu verschiedenen Zeitpunkten tatsächlich überschneiden, ist bisher noch nie untersucht worden. Erst dieser Aspekt könnte Aufschluß darüber liefern, ob der zeitliche Verlagerungstrend auch eine abnehmende Überschneidung des Fernsehpublikums zur Folge hat und ob hierbei tageszeitliche Unterschiede festzustellen sind. Derzeit besteht ohnehin noch ein beträchtliches Ausmaß an gemeinsamer, zeitgleicher Nutzung im Tagesablauf unter den Rezipienten. Die Mediennutzung der Mehrheit folgt (noch) bis heute einer festen Tagesablaufstruktur, konzentriert sich auf bestimmte Nutzungsschwerpunkte und richtet sich nach der Verfügbarkeit, der Erscheinungsweise bzw. dem Aktualitätsgrad des Medienangebotes (Saxer, 1989, S. 49; Darschin & Frank, 1998). Dies gilt in noch stärkerem Maße für die Hörfunknutzung, die sich bis heute durch klare Nutzungsgipfel im Tagesablauf charakterisieren läßt (Klingler & Schaak, 1999).

Die *Intensität der Nutzung* wird ebenfalls zur Fragmentierungsdimension: die intensive Nutzung spezieller Angebote, die vom Rest der Bevölkerung weniger häufig oder nur selten genutzt werden. Webster (1986) sieht in der intensiven Nutzung von Angeboten, die sich auf bestimmte Inhalte, Genres, Interessen oder Zielgruppen spezialisieren, einen Indikator für Fragmentierung (Berg & Kiefer, 1982, S. 129; Hoffmann, 1998, S. 433; Schulz, 1998; Stolte & Rosenbauer, 1995, S. 358). Sein Befund: Diejenigen Zuschauer im US-Fernsehmarkt, die fremd-

36 Die Nichtnutzer werden bei diesen Überlegungen nicht berücksichtigt, da es bei diesen Anhaltspunkten nur um die Nutzer der Gattung Fernsehen und ihren Fragmentierungsgrad geht.

sprachige Spartenkanäle nutzen, räumen diesen einen größeren Anteil am täglichen Fernsehbudget ein als das Gesamtpublikum (vgl. auch Meder, 1998, S. 94).[37] Die Relevanz dieser Nutzungsstrukturen für die Fragmentierung läßt sich jedoch erst auf einer Repertoireebene einschätzen, weil die Nutzer der Spezialmedien möglicherweise auch noch andere Fernsehangebote sehen. Erst wenn die Nutzung aller vorhandenen Fernsehprogramme in die Betrachtung miteinbezogen wird, läßt sich der Stellenwert von Spezialkanälen im Fernsehrepertoire einschätzen. Gäbe es dann jedoch Nutzer(gruppen), die exklusiv und ausschließlich nur Spezialangebote wie zum Beispiel Spartenkanäle nutzen und ihr Fernsehrepertoire ganz darauf beschränken, wären diese Nutzer von allen anderen Medienangeboten ausgeschlossen. Dieses Nutzungsverhalten ließe sich damit als Fragmentierung interpretieren.

Fazit

Die empirischen Anhaltspunkte und plausiblen Vermutungen, die in der bisherigen Literatur zum Ausmaß der Fragmentierung vorliegen, haben gezeigt, daß die Ebenen unterschiedlich gut oder auch gar nicht belegt sind, daß die unterschiedlichsten empirischen Anhaltspunkte herangezogen und damit unterschiedliche Fragmentierungsstrukturen beschrieben werden können. Ein einheitliches, quantitatives Maß für die Fragmentierung ließ sich nicht finden. Symptomatisch für diese Ausgangslage ist das Problem, daß der Grad der Fragmentierung in den verschiedenen Forschungsarbeiten nicht vergleichbar ist und daß es auch keine einheitliche Auffassung über das Ausmaß der Fragmentierung gibt, abgesehen von der relativ nichtssagenden Einschätzung, daß der Fragmentierungsgrad offensichtlich (noch) nicht sehr groß ist, weil ein Bestand an gemeinsam genutzten "Integrationsinseln" das Medienpublikum verbindet (Brosius, 1997, S. 41; Gerhards, 1998; Hasebrink, 1997; Hickethier, 1998, S. 137; Holtz-Bacha, 1997, S. 15; Mast, 1997, S. 226; McQuail, 1997, S. 138; Noam, 1996).[38]

---

37 Da es sich im vorliegenden Fall um Fernsehkanäle handelt, könnte dieser Beleg ebenso der Ebene der Rundfunksender und Printtitel zugeordnet werden. Die Nutzungsintensität scheint mir hierbei aber die dominierende Dimension zu sein.

38 Es wird sogar darüber gemutmaßt, daß es sich bei der Fragmentierung möglicherweise um die Folge einer "aktuell bevorzugten Beobachtungsperspektive" (Hasebrink,

3. 2 Determinanten der Fragmentierung

Wodurch kommt es zu einer Fragmentierung der Mediennutzung? Welche Faktoren bestimmen ihren Grad und werden verantwortlich dafür gemacht, daß Menschen nicht mehr dasselbe hören, sehen oder lesen? In diesem Kapitel werden Determinanten vorgestellt, die in der Literatur mit Fragmentierung in Zusammenhang gebracht werden. Diese literaturbasierten Determinanten werden ergänzt durch eigene Überlegungen und weiterführende Vermutungen und – da es sich bei der Fragmentierung um ein Phänomen der Mediennutzung handelt – erweitert um Erkenntnisse und fragmentierungsrelevante „Abfallprodukte" der bisherigen Mediennutzungsforschung. Ziel dieses Vorgehens ist es, ein Determinanten-Modell für die Fragmentierung zu entwickeln. Denn bisher gibt es weder eine systematische und umfassende Aufstellung, noch Untersuchungen, bei denen mögliche Determinanten der Fragmentierung eine forschungsleitende Rolle spielen.

In der Literatur kristallisieren sich zwei Determinantenbündel für die Fragmentierung der Mediennutzung heraus: *Merkmale des Medienangebots* und *Merkmale des Publikums.* Diese beiden Bündel werden im folgenden vorgestellt, beginnend mit den Determinanten, die dem Medienangebot zugeordnet werden können.

Das Medienangebot

Die quantitativen und qualitativen Veränderungen des gesamten Medienmarktes werden in der Literatur als fördernde Determinanten, häufig sogar als Auslöser der Fragmentierung benannt (z.B. Berghaus, 1994; Das Fernsehgerät, 1999; Gerhards, 1998, S. 40; Hasebrink, 1997; Holtz-Bacha, 1997, S. 13; Meder, 1998; Schulz, 1999).[39] Es geht im einzelnen um kommunikationstechnische Aspekte wie z.B. Zugangsgeräte, um die

---

1997, S. 263) oder um ein „mentales Phänomen" (Jäckel, 1999) handelt, das die Wahrnehmung der Gesellschaft in Richtung einer Fragmentierung, Zersplitterung und Vereinzelung steuert.

39 Für einen umfassenden Überblick zum Stand und der Entwicklung der medialen Angebotssituation (Kanäle, Inhalte, Endgeräte, Technologien etc.) in der Bundesrepublik vgl. Bild, 1996, S. 7-9; Bild, 1998; Jäckel, 1996, S. 105-246; Media Perspektiven, 1985, 1991, 1993, 1994 und 1997 und Spiller, 1998.

Titel- und Programmvermehrung, um interaktiv nutzbare Medien und um inhaltliche Merkmale des Medienangebots.

Zu *kommunikationstechnischen* Merkmalen des Medienmarktes zählen die Zugangswege und Empfangsbedingungen der Medienbotschaften wie zum Beispiel die Mehrfachausstattung der Haushalte mit Fernsehgeräten, neue Zugangstechnologien (Kabel- und Satellitenempfang), die Digitalisierung des Rundfunks, ein Online-Anschluß, ein Pay-TV-Decoder, Zusatzgeräte (z.B. Videorekorder) oder allgemein portable und mobile Geräte.[40] Angebote wie Pay-TV oder Online-Medien fördern die Fragmentierung allein dadurch, indem sie als Gatekeeper für die darüber zugänglichen Angeboten fungieren (vgl. Berghaus, 1997, S. 410; Kofler, 1998, S. 15).[41] Fragmentierung manifestiert sich hier durch die Spaltung des Publikums in diejenigen, die Zugang zu Angeboten und diejenigen, die keinen Zugang haben. Dagegen fördert frei empfangbares Fernsehen nach dieser Argumentation eher die gemeinsame Nutzung, weil jeder darauf zugreifen kann (Kofler, 1998, S. 15).

Neben Zugangstechnologien werden *interaktiven, individuell nutzbaren Medienangeboten* mit Abrufcharakter ein hohes Fragmentierungspotential zugeschrieben (Jäckel, 1996; Morris & Ogan, 1996, S. 41; Stolte & Rosenbauer, 1995, S. 359; Lübbe, 1996, S. 26; Zipfel, 1998, S. 28). Im Mittelpunkt der Diskussion stehen dabei Videotext, das Internet, Online-Angebote und das interaktive Fernsehen (Ruhrmann & Nieland, 1997).[42]

Aus den Empfangsverbesserungen, den Zugangserleichterungen und dem interaktiven Potential, so die Annahme einiger Autoren, resultiert ein zeitlich flexibler Zugriff und ein inhaltlich vergrößertes Angebot und damit eine Zunahme der Wahlmöglichkeiten, durch die die Menschen sich in ihrer Mediennutzung stärker voneinander unterscheiden (Jäckel,1996, S. 88; Klingler, 1998, S. 121-122; Webster, 1986, S. 83).

40 Eine umfangreiche Darstellung der Empfangsbedingungen und ihr Beitrag zur Fragmentierung der Mediennutzung findet sich bei Jäckel, 1996, S. 105-125 und S. 248-249.

41 Webster (1986) spricht in diesem Fall von einer "de facto polarization" (S. 84).

42 Ruhrmann und Nieland (1997) stellen die These auf: "Interaktives Fernsehen führt zu einer Individualisierung und Segmentierung gesellschaftlicher Kommunikationsräume (...)" und steht für eine "(...) Atomisierung gesellschaftlicher Gruppen" (S. 211).

Umgekehrt gibt es einige, wenn auch nur wenige Stimmen, die durch verbesserte Empfangs- und Zugangsmöglichkeiten mehr Gemeinsamkeiten der Mediennutzung prognostizieren (Berg & Kiefer, 1996, S. 16; Saxer, 1989; vgl. auch Cuilenburg, 1998),[43] weil zum einen neue Techniken auch in solche Publikumssegmente vordringen, die bisher von der Nutzung ausgeschlossen waren und zum anderen die größere Auswahl an Medienangeboten von allen in gleicher Weise genutzt wird.

Als fragmentierungsrelevantes Merkmal unterhalb der rein technisch diskutierten Kommunikationsinfrastrukturebene gilt die *Angebotsvermehrung,* die im Print- und Rundfunksektor zu beobachten ist. Danach wird die Fragmentierung der Leserschaft von *Printmedien* durch eine enorm wachsende Titelvielfalt verursacht, die in den 60er und 70er Jahren einsetzte und sich seit den 80er Jahren verstärkt fortsetzt (Bild, 1998, S. 11). Dazu gehört die Diversifikation bestehender Titel (z. B. „ZeitPunkte", „Brigitte Young Miss") und das Aufkommen neuer Gattungen im Printsektor (Anzeigenblätter, Stadtmagazine, Zeitungssupplements, Special-Interest-Zeitschriften) sowie deren elektronische Ergänzungen (vgl. Gärtner, Holicki & Mathes, 1994; Rössler, 1997, S. 86). Im deutschen *Rundfunksektor* gilt das Aufkommen privater Voll- und Spartenprogramme Anfang der 90er Jahre als fördernde Determinante der Fragmentierung (Bild, 1998, S. 12). Das vorher über drei Fernsehsender und wenige öffentlich-rechtliche Radiosender geeinte Publikum kann sich nun über eine Vielzahl privatrechtlicher Zusatzangebote verteilen. Und im Hörfunk erhöht sich die Senderzahl durch die Expansion zielgruppenspezifischer Programme und die Ausweitung des Angebots auf mehr als zehn empfangbare Programme vor Ort (Franz, Klingler & Jäger, 1991; Klingler, 1998, S. 121-122;).

Daß durch diese Entwicklung die Fragmentierung der Mediennutzung verstärkt wird, ist zwar plausibel, aber bislang empirisch nicht nachgewiesen. Immerhin gibt es für den Hörfunk Hinweise dafür, daß die Angebotsexpansion nicht zwangsläufig die Fragmentierung ver-

---

43 Cuilenburg sieht im Zugang zur Kommunikation („accessibility of communication", S. 70) die Möglichkeit, an der gesellschaftlichen Kommunikation und ihrer Infrastruktur teilzunehmen, wobei er die drei Ebenen „infrastructure", „transport" und „information or communication services" unterscheidet (Cuilenburg, 1998, S. 70-71).

stärkt: Eine Studie der Bayerischen Landeszentrale für Neue Medien (BLM) über das Zapping-Verhalten beim Hörfunk belegt anhand von Zahlen der Media-Analyse, daß ein größeres Hörfunkprogrammangebot nicht zu mehr Exklusivhörern führt, sondern zeigt eine Zunahme an Wechselhörern und an komplementärer Programmnutzung (Sutor, 1999), also im Ergebnis Überschneidungen anstatt der Herausbildung von Unterschieden. Für das Fernsehen oder den Printsektor steht eine solche Untersuchung noch aus.

Bisher wurden technologische Veränderungen, die Flexibilisierung des Medienangebots und die rein quantitative Ausdehnung als Determinanten der Fragmentierung angeführt. In der Literatur werden aber auch *inhaltlich oder zielgruppenspezifisch spezialisierte Medienangebote* und damit qualitative Dimensionen des Angebots als Determinanten der Fragmentierung diskutiert. Bereits in den 60er Jahren wurde in den USA mit systemtheoretischen Ansätzen und ökonomischen Indikatoren der Rückgang der Massenmedien zugunsten spezialisierter, auf kleine, homogene Segmente konzipierter Spezialmedien prognostiziert (Dominick, 1987; Maisel, 1973; DeFleur, 1979; Merrill & Lowenstein, 1971; Toffler, 1980),[44] die zu einer sogenannten "fractionalization" (Dominick, 1987, S. 27) führen. Allerdings gibt es bisher noch keine empirischen Hinweise auf eine Exklusivnutzung von Spezial- oder Spartenangeboten. Wenigstens für das Fernsehen kann dieser Vermutung sogar widersprochen werden: Inhaltlich spezialisierte Spartenprogramme werden vermutlich Misch- bzw. Vollprogramme auch langfristig nicht ersetzen (Hoffmann-Riem & Vesting, 1994; Jäckel, 1996; S. 167).

Einen Aspekt hat die Literatur bisher im Zusammenhang mit den Determinanten der Fragmentierung ausgespart, der mir aber berücksichtigenswert erscheint. Das Medienangebot selbst kann „absichtlich" den Fragmentierungsgrad steuern. So könnten etwa *Werbe- und Marketingaktionen* zur Imagebildung und Positionierung einen mindernden Einfluß auf die Fragmentierung ausüben, indem großangelegte Werbekampagnen von Medien dazu führen, daß eine große, wachsende potentielle Nutzerschaft von einem Angebot erfährt und dieses möglicherweise auch nutzt. Auch bei der *Aufmachung* und *Plazierung* von Botschaften ist ein fragmentierungsmindernder Einfluß denkbar: Je prominenter,

44 Vgl. die Zusammenfassung bei Jäckel, 1996, S. 15-24.

auffälliger und massiver die Botschaften den Rezipienten präsentiert werden (z.B. auf der Titelseite, in allen Werbeblöcken parallel, Kampagne in allen Medien über viele Wochen), desto größer wird die Reichweite und desto kleiner wird der Fragmentierungsgrad.[45]

Und schließlich sind Determinanten auf Seiten des Angebots denkbar, die nicht vorhersagbar sind, den Fragmentierungsgrad aber durchaus beeinflussen können: Denkbar sind dabei *situative Determinanten,* wie zum Beispiel die Nachrichtenlage. Diese kann den Grad der Fragmentierung verkleinern, wenn bestimmte Ereignisse ein besonders großes Interesse beim Publikum hervorrufen und dadurch große Nutzerschaften vereinen. Beispiele für solche Ereignisse sind zum Beispiel die Fußballweltmeisterschaft (Zubayr & Gerhard, 1998), Bundestagswahlen oder Exklusivinterviews in Zeitungen oder Zeitschriften. Sogar bei interaktiven Online-Angeboten gibt es solche Ereignisse: Die Veröffentlichung des Clinton-Lewinsky-Protokolls im September 1998 löste eine weltweit massenhafte Nutzung der entsprechenden Internetseite aus. Die Rede ist von 340.000 Besuchern der Seite allein in der ersten Minute. Ein weiteres Großereignis im Internet war im Februar 1999 eine 17minütige Dessous-Show des Textilunternehmens „Victoria's Secret", die von über zwei Millionen Internet-Nutzern gesehen wurde.[46]

Diese letzten Beispiele machen deutlich, daß Eigenschaften des Angebots (Nachrichtenlage) auf bestimmte Dispositionen bei den Rezipienten (Interesse) treffen müssen, um letztendlich zur Mediennutzung zu führen. Auch wenn die Fragmentierungsdebatte ausschließlich angebotszentriert geführt wird, maßgeblich für den Grad der Fragmentierung ist nicht allein das Medienangebot, sondern auch das *Publikum.* Gerade die Rezipienten, ihre Merkmale und Verhaltensmuster können, mehr als das Medienangebot, den Grad der Fragmentierung beeinflussen (Baldauf & Klingler, 1994; Jäckel, 1996, S. 92; Kiefer, 1997), und sei es nur durch eine gewissen Resistenz im Nutzungsverhalten gegenüber Ent-

45 Bei diesen Überlegungen gehe ich von dem Ziel der Reichweitenmaximierung aus. Denkbar ist natürlich auch eine Kampagne für kleine, spezielle Zielgruppen und damit eher qualitative Aspekte.

46 Angekündigt und im Anschluß vermarktet wurde diese Übertragung allerdings durch die klassischen Massenmedien, was die Relevanz dieser Angebote und die Verbundwirkung im Mediensystem deutlich macht.

wicklungen des Medienmarktes: Neue Angebote können schließlich vom Publikum auch ignoriert werden oder sich zu (neuen) massenhaft genutzten Publikumslieblingen entwickeln (vgl. Mast, 1997, S. 226; Noam, 1996; Ruhrmann & Nieland, 1997, S. 207).[47]

Das Publikum

In der Literatur werden die Gesellschaftsstruktur und -entwicklungen,[48] insbesondere der *gesellschaftliche Individualisierungstrend* als fördernde Determinanten der Fragmentierung diskutiert. Der Ursprung der Debatte über die Individualisierung der Gesellschaft, die seit Beginn der 80er Jahre geführt wird, liegt in der Soziologie (Beck, 1983) und beschreibt die Zunahme an Möglichkeiten zur Selbstverwirklichung, die Auflösung sozialer Milieus, die Entstandardisierung von Gesellschaftsstrukturen und Lebensläufen, Individualisierung von Wertorientierungen und Lebensstilen, Ausdifferenzierung der Geschmacksrichtungen sowie den Rückgang von Bindungen an traditionelle Werte (Beck, 1986; Beck & Beck-Gernsheim, 1993; Beck & Sopp, 1997; Bild, 1998, S. 36; Jäckel, 1996, S. 199; Krotz, 1998, S. 100-101). Die Medienforschung übertrug das Konzept der Individualisierung in ihre Arbeiten und nannte es „Individualisierung der Mediennutzung“ (vgl. z.B. Eimeren & Maier-Lesch, 1997; Hasebrink & Krotz, 1993, 1996; Hasebrink, 1999; Krotz, 1997; Mikos, 1994, S. 10; Reimer, 1994; Saxer, 1989; Schulz, 1990; Stipp, 1998, S. 81; Vogelgesang, 1997; Vollbrecht, 1988; Weiß & Hasebrink, 1995). Daß diese Auflösung der Vorgaben durch die soziale Herkunft in ihrer Konsequenz auch zu einer Fragmentierung führt, indem nur noch wenig Gemeinsamkeiten in der Mediennutzung des Publikums bestehen, ist zwar plausibel, empirisch aber bisher noch nicht untersucht und belegt worden.

---

47 Die Medienwissenschaftler Klaus Schönbach und Lee Becker sind der Frage, wie das Publikum mit einem expandierenden Angebot umgeht, schon zu einem sehr frühen Zeitpunkt nachgegangen und haben dazu in einem Reader internationale Forschungsbefunde zusammengestellt (vgl. Becker & Schönbach, 1989).

48 Darunter werden Merkmale einer Gesellschaft, ihr zugrundeliegendes System und ihre entwickelte Kultur (z.B. wirtschaftliche Lage, politische Verhältnisse, soziostruktureller Aufbau) verstanden.

Eine Determinante aus dem sozialen Umfeld,[49] der ein Einfluß auf die Fragmentierung der *Fernseh*nutzung zugeschrieben wird, ist die *Haushaltsgröße.* Der Zusammenhang besagt: Je kleiner der Haushalt, desto größer die Wahrscheinlichkeit für Fragmentierung. Denn Alleinsehen, so die Vermutung, erhöht den Freiheitsgrad für die Angebotsauswahl und fördert die Umschaltfrequenz (Kliment, 1997, S. 207). Die Zahl der Ein-Personen-Haushalte wird daher in der Literatur sogar als *Beleg* für die Fragmentierung der Fernsehnutzung angeführt (Hasebrink, 1997, S. 264). Für die Annahme der geringen Überschneidung gibt es jedoch keine empirischen Belege. Schließlich können die Rezipienten ebenso in Single-Haushalten alleine dieselben Fernsehangebote und -ausschnitte nutzen wie andere Menschen und sich damit in ihrer Nutzung mit anderen überschneiden. Und ob bzw. wie sich die Zahl der Haushaltsmitglieder auf die Fragmentierung bei anderen Medienangebote (z.B. Zeitungen, Online-Angebote, Hörfunk) auswirkt, wurde in der bisherigen Literatur nicht diskutiert.[50]

Neben der Gesellschaftsstruktur und dem sozialen Umfeld betreffen *soziodemographische Merkmal*e als Determinanten der Fragmentierung direkt die Nutzerpersönlichkeit. Die soziodemographischen Persönlichkeitsmerkmale haben sich in der bisherigen Publikumsforschung als sehr aussagekräftige Determinanten der Mediennutzung erwiesen. Sie haben sich zur Beschreibung und Differenzierung von Publika bewährt, die sich aufgrund ihrer Mediennutzung konstituieren (vgl. z.B. Berens, Kiefer & Meder, 1997; Berg & Kiefer, 1982, 1987, 1992, 1996; Eimeren & Oehmichen, 1999; McQuail, 1997, S. 54-55; Schulz, 1986).[51] Diese Determinanten können daher auch für die Fragmentierung der Mediennutzung relevant sein. Allerdings ist man hier bislang noch auf plausible

49 Das soziale Umfeld steht für die direkte Lebensumgebung, in der sich der Nutzer bewegt: Freundeskreis, Haushaltsgröße, Wohnsituation (z.B. Mietwohnung, eigenes Haus) und der Wohnort und seine Eigenschaften (z.B. Stadt versus Land, Großstadt versus kleine Gemeinde, alte versus neue Bundesländer).

50 Die Untersuchung von Stegbauer und Rausch (1999) zur Fragmentierung in der Nutzung von Mailinglisten ist hier ein erster Schritt.

51 Das Alter ist die wichtigste Variable der bisherigen Publikumsforschung zur Unterscheidung von Rezipientengruppen (Goertz, 1997, S. 21;vgl. auch Gerhards, Grajczyk & Klingler, 1999).

Vermutungen angewiesen. Ob zum Beispiel das *Alter* in einem Zusammenhang mit der Fragmentierung steht, also diese fördert oder verringert, ist bisher weder diskutiert noch empirisch untersucht worden. Denkbar wäre, daß ein höheres Lebensalter wegen der damit verbundenen Lebenssituation (z.B. konservative Einstellung, gefestigt in Arbeits- und Privatleben, Routine und Gewohnheit im Umgang mit Medien) und einem daraus resultierenden konstanten Nutzungsverhalten mit einem eher geringen Fragmentierungsgrad zusammenhängt, während jüngere Nutzer in ihrem Medienverhalten noch weniger festgelegt sind, vieles ausprobieren und dadurch auch ein von anderen abweichendes Nutzungsverhalten aufweisen können. Denkbar ist jedoch auch das Gegenteil: Während jüngere Publikumssegmente den Trends der Medienentwicklung folgen und ein wachsendes Angebot umfassend nutzen, bleiben die älteren Nutzerschichten ihrem kleinen Repertoire treu und verlieren so den Anschluß zu neuen Entwicklungen.

Neben dem Alter rückt gerade im Zusammenhang mit neuen, kostenintensiven Medienangeboten wie zum Beispiel Online-Medien das *Einkommen* immer mehr in den Mittelpunkt von Erklärungen, warum Menschen Unterschiedliches nutzen. Die ökonomische Determinante wird als ein Hauptgrund für eine Spaltung der Bevölkerung bei der Diffusion neuer Medienangebote betrachtet. Und in der Tat deuten empirische Befunde darauf hin, daß neue Medientechniken von Personen mit höherem Einkommen und damit höherem sozialen Status früher aufgenommen werden (Bonfadelli, 1994, S. 151-157; Handel & Kutteroff, 1999; Hippler, Tullius, Handel & Kutteroff, 1999; Ruhrmann & Nieland, 1997, S. 206).[52] Menschen mit einem höheren Einkommen, so könnte plausibel gefolgert werden, leisten sich mehr Medienangebote, haben dadurch ein größeres Angebot zur Auswahl und damit eher die Chance, sich in ihrer Nutzung von anderen zu unterscheiden. Das hieße: Ein hohes Einkommen führt zur Fragmentierung in der Mediennutzung.

Auf plausible Vermutungen im Hinblick auf die Fragmentierung ist man auch beim *Bildungsgrad* angewiesen. So ist es denkbar, daß ein höherer *Bildungsgrad* mit einem größeren Fragmentierungsgrad einhergeht, weil eine hohe formale Bildung meist ein größeres Interessenspekt-

---

52 Die Diffusion von Neuerungen ist ein schicht- und klassenspezifisches Phänomen (Rogers, 1983).

rum, einen souveränen Umgang mit Medienangeboten und eine schnellere Verarbeitung größerer Inhaltsmengen mit sich bringt (vgl. z.B. Bonfadelli, 1994; Tichenor, Donohue & Olien, 1970). Beide Eigenschaften, verknüpft über den Bildungsgrad, führen zu einem größeren Angebotsspektrum und könnten damit das Fragmentierungspotential erhöhen.

Obwohl die Kriterien der klassischen Soziodemographie in praktisch allen Publikumsuntersuchungen zum Standard zählen, werden sie in ihrer Funktion, Mediennutzung zu erklären und Medienpublika zu differenzieren, immer wieder in Frage gestellt (vgl. Goertz, 1997; Kiefer, 1992; Kubitschke & Trebbe, 1992; Stipp, 1998). Denn sie sind häufig „Ersatzindikatoren" für die eigentlich wichtigen Lebenssituationen und für bestimmte Werte, die in den meisten Untersuchungen aber nicht direkt erhoben werden (vgl. Schönbach, Lauf & Peiser, 1998, S. 143).[53] Immerhin werden psychographische Faktoren wie Einstellungen, Wertorientierungen[54] und Mentalitäten in einigen Studien als Determinanten der Medienzuwendung berücksichtigt (z.B. Kiefer, 1992, S. 190; Schönbach, Lauf & Peiser, 1998; Schulz, 1986). Was könnten *Werte, Mentalitäten und Einstellungen* für die Fragmentierung bedeuten? Zwei Einstellungs- bzw. Wertekonzepte sind hier denkbar:

So ist erstens plausibel, daß der Wunsch, sich in seinem Leben und Verhalten von anderen abzuheben, auch förderlich für die Fragmentierung der Mediennutzung ist, weil sich diese Eigenschaft auch auf die Mediennutzung auswirken könnte, während eine zur *Anpassung* tendierende Persönlichkeit eher ihr Nutzungsverhalten nach ihrem Umfeld und nach den anderen ausrichtet.

Und zweitens rückt mit dem Aufkommen von Computern und Online-Medien zunehmend die *Einstellung zur Medientechnik und zu neuen Medienentwicklungen* in den Mittelpunkt von Diskussionen über Ungleichheiten in der Mediennutzung (vgl. Berghaus, 1994; Schenk, Dahm

---

53 Über die Operationalisierung dieser Merkmale „jenseits von Stand und Klasse" (Beck, 1983) besteht Uneinigkeit. Vgl. hierzu die Konzepte der Milieu- und Lebensstilanalyse bei Lüdtke, Matthäi & Ulbrich-Herrmann (1994, S. 89) oder das Konstrukt der alltagsästhetischen Schemata von Schulze (1995).

54 Der Wertindex von Inglehart (1977) wurde 1985 in die Langzeitstudie Massenkommunikation aufgenommen, um neue Erklärungsansätze für das Medienverhalten zu gewinnen (Berg & Kiefer, 1996, S. 93-94). Werthaltungen beeinflussen nachgewiesenermaßen die Mediennutzung (Bonfadelli, 1994).

& Sonje, 1996, S. 41; Stipp, 1998, S. 80-81). Die Bedienung eines Videorekorders oder eines Computers, der Abruf von Videotext und die Nutzung von Online-Angeboten setzen erhebliche technische Kenntnisse voraus, vor denen viele Menschen aufgrund einer einstellungsbedingten "Technik-Hemmschwelle" kapitulieren (Das Fernsehgerät, 1999). Je offener und optimistischer die Einstellung zu neuen Medien, so die plausible Folgerung, desto eher werden diese auch akzeptiert und genutzt. Denkt man an dieser Stelle weiter, so bedeutet dies: Je technologiefreundlicher eine Person, desto eher wird sie neue Angebote nutzen und desto größer ist damit ihre Chance, auf ein großes Angebot zuzugreifen und sich damit in der Nutzung von anderen zu unterscheiden. Diese plausible Folgenkette würde zweierlei prognostizieren: Zum einen könnte sich das Publikum in technophile und technophobe Segmente spalten. Zum anderen könnten sich Nutzer anhand ihres Angebotsumfangs unterscheiden, indem technologische Innovatoren ein größeres Angebot und damit einen höheren Fragmentierungsgrad aufweisen als eher konservative Mediennutzer, die ihre Nutzung auf bewährte (Massen-)Angebote beschränken (vgl. Brosius, 1998, S. 234). Letztlich entscheidet hier das mit anderen gemeinsame Nutzungspotential und damit der Überschneidungsgrad.

Aus der Medienforschung ist bekannt, daß Vorlieben für bestimmte Genres, Formate oder spezielle inhaltliche Aspekte der Medien die Mediennutzung in starkem Maße determinieren. Das Publikum wählt vorwiegend solche Medien bzw. Inhalte aus, die den eigenen Interessen und Meinungen entsprechen (Berens, Kiefer & Meder, 1997; DeFleur, 1979; Hasebrink, 1994; Maisel, 1973, S. 159; Neuman, 1991; Schönbach & Becker, 1989, S. 353; Schulz, 1998, S. 66; Webster, 1997, S. 111; Zillman & Bryant, 1985). Diese *Interessen und inhaltlichen Präferenzen* wirken medienangebotsübergreifend, d.h. Personen, die bestimmte Angebote in einem Medienangebot nutzen, wenden sich diesen auch verstärkt in anderen Medien zu (Berens, Kiefer & Meder, 1997; Berg & Kiefer, 1996; Kiefer, 1992, S. 192; Kliment, 1997; Kubitschke & Trebbe, 1992). Interessen haben sogar einen stärkeren Einfluß auf die Mediennutzung als die technische Infrastruktur oder ein vorhandenes Angebot (Hasebrink, 1998, S. 354; Wober, 1989).

Doch Anhaltspunkte und Vermutungen darüber, inwiefern die Interessen mit der Fragmentierung zusammenhängen, welche Interessen mit einem starken und welche mit einem eher schwachen Fragmentierungsgrad verknüpft sind, gibt es in der Literatur nicht. Allerdings lassen sich auf Basis der bisherigen Erkenntnisse plausible Vermutungen ableiten. So hängt die Nutzung lokaler Medien stark mit der *lokalen Integration und Verankerung* des Publikums zusammen und weist auf ein Interesse am Lokalen hin (McLeod et. al., 1996; Rothenbuhler, Mullen, DeLaurell & Ryu, 1996; Schönbach & Lauf, 1998). Auch für die Fragmentierung der Mediennutzung könnte es eine erhebliche Rolle spielen, ob die Rezipienten eher an Haus und Gemeinde gebunden oder eher kosmopolitisch orientiert sind. Eine plausible These könnte daher lauten: Wer eng mit seinem Umfeld verbunden ist, ist weniger fragmentiert, weil er sich in seinem Medienverhalten eher an sein Umfeld hält und weniger von anderen Menschen abweicht. Damit wäre ein negativer Zusammenhang mit der Fragmentierung unterstellt.

Bekannt ist aus der bisherigen Forschung auch, daß die Interessenstruktur die Mediennutzung determiniert. Zentraler Befund der seit 1964 in etwa fünfjährigem Rhythmus durchgeführten Studie Masssenkommunikation ist bereits 1980 der "Prozeß der Ausdifferenzierung und Spezialisierung von Kommunikationsgruppen entsprechend ihren spezifischen Kommunikations- und Informationsbedürfnissen" (Berg & Kiefer, 1982, S. 128 und S. 14; Berg & Kiefer, 1987, S. 151-152; vgl. auch Berg & Kiefer, 1996, S. 111-114; Presse- und Informationsamt der Bundesregierung, 1994, 1998). Denkt man an dieser Stelle weiter, so ist es plausibel, daß diejenigen, die sich in ihren Interessen von den anderen unterscheiden, dies auch in ihrer Mediennutzung tun. Eine Art *Interessenfragmentierung* würde demnach positiv mit der Fragmentierung der Mediennutzung zusammenhängen (Neuman, 1991, S. 121)[55] und diese möglicherweise sogar fördern.

Neben der Unterschiedlichkeit der Interessen könnte auch die *Bandbreite der Interessen* Einfluß darauf nehmen, inwiefern sich Menschen in ihrer Mediennutzung überschneiden. Ein kleines Interessenspektrum, möglicherweise auf nur wenige Genres spezialisiert, könnte zu einer

---

55 Neuman (1991) untersuchte für die USA das Interessenspektrum der Rezipienten und ermittelte, daß das Gesamtpublikum ähnliche Interessenstrukturen und Themenpräferenzen für Fernsehen und Zeitung aufweist (vgl. Abercrombie & Longhurst, 1998, Dominick, 1987, S. 27). Dies ist ein interessanter Ansatz; allerdings hat Neumann nicht die tatsächliche Mediennutzung berücksichtigt.

anderen Medienkost führen als ein breites und vielseitiges Spektrum an Interessen. Ob aber eine kleine Interessenbandbreite letztlich zur Fragmentierung der Mediennutzung führt, hängt von der Art der Interessen ab: Handelt es sich gerade um das Interessenbündel, das auch für die anderen Mediennutzer zentral ist, dann ist Interessenspezialisierung und ein enges Spektrum sicher keine fördernde Determinante dafür, daß man sich in seiner Mediennutzung vom Rest der Bevölkerung unterscheidet. Handelt es sich bei wenigen Interessen jedoch um spezielle und von anderen kaum berücksichtigte Themen, dann kann dies durch eine abweichende Mediennutzung zu einer Fragmentierung führen.

Der Selektivitätsgrad kann eine weitere interessenrelevante Determinante für die Fragmentierung sein, denn Interessen steuern den *Grad an Selektivität* bei der Mediennutzung (z.B. Groebel & Gleich, 1989) und könnten damit Fragmentierungsstrukturen fördern. Unter hoher Selektivität verstehe ich die bewußte, gezielte und geplante Auswahl aus einem Medienangebot (Intentionalitätsgrad). Typische Indikatoren für hohe Selektivität sind die Informationssuche in einer Programmzeitschrift oder das gezielte Lesen eines bestimmten Artikels. Umgekehrt betrachte ich eine eher impulsgeführte Mediennutzung, also das ziellose Zappen im Fernsehen oder das Blättern in Printmedien als weniger selektiv (vgl. Hasebrink, 1998, S. 4). Inwiefern das Selektivitätsniveau mit dem Fragmentierungsgrad zusammenhängen könnte, bleibt jedoch offen: Man kann hochselektiv und gezielt auf solche Angebote zugreifen, die andere nicht nutzen. Ebenso ist es denkbar, daß man beim Spontankauf von Medien, beim Blättern oder beim Zappen andere Medienangebote wahrnimmt als der Rest der Nutzerschaft.

Soweit die Determinanten der bisherigen Fragmentierungsliteratur, ergänzt und verfeinert um allgemeine Befunde der Medienforschung, erweitert durch eigene Überlegungen und Vermutungen. Das aus diesen Quellen gebildete Determinanten-Set der Fragmentierung wird im folgenden Schaubild nochmal im Überblick präsentiert (vgl. Schaubild 6). Die Anordnung der Determinanten im Modell[56] (Schaubild 6) darf nicht als strikte Abfolge voneinander abhängiger Faktoren verstanden werden,

56 In der bisherigen Literatur findet sich ein ähnliches Modell, das „'Pragmatic' Model of Audience Choice" (McQuail, 1997, S. 76-79), in dem verschiedene Ansätze der bisherigen Publikumsforschung nach ihren gemeinsamen Leitlinien zusammenfaßt werden, um anhand bestimmter Determinanten das Zustandekommen der Nutzung

sie dient in erster Linie der Ordnung und Systematisierung. Es ist schließlich bekannt, daß die Mediennutzung aus einem fortlaufenden kreislaufförmigen Prozeß des Lernens, Bewertens, Erfahrung sammelns und sich Rückversicherns resultiert (McQuail, 1997, S. 79). Dadurch kann sich sowohl die Reihenfolge als auch die Einflußrichtung der Determinanten herausbilden und ändern. Obwohl die Determinanten des Angebots und die Determinanten des Publikums im Modell getrennt dargestellt werden, handelt es sich nicht um zwei voneinander unabhängige Determinantenstränge. Vielmehr sind sie miteinander verknüpft.[57]

Fazit: Fragmentierung als eine empirische Herausforderung

Die Vorstellungen von Fragmentierung sind sowohl in der öffentlichen Debatte als auch in der bisherigen Forschung diffus und uneinheitlich. Der Begriff und sein Konzept sind schlecht definiert und empirisch nur unzureichend gestützt. Bislang gibt es keine einheitlich anerkannten oder aus der Forschung abgeleiteten Indikatoren zur Messung von Fragmentierung. Und als Determinanten werden in der Literatur fast ausschließlich Eigenschaften des Medienangebots herangezogen – wenn überhaupt. Vor dem Hintergrund dieser Ausgangssituation läßt sich folgendes Forschungsziel formulieren, das die vorliegende Arbeit in ihrem empirischen Teil beantwortet:

Das Forschungsziel

1. Wie kann Fragmentierung gemessen werden?
2. Wie groß ist die Fragmentierung der Mediennutzung?
3. Welche Determinanten hängen mit Fragmentierung zusammen?

---

von Massenmedien und die Entstehung von Publika zu erklären. Es basiert vorwiegend auf den Annahmen des Uses-and-gratifications-Ansatzes (vgl. auch Gleich, 1996, S. 598; Goertz, 1997, S. 10; Groebel & Gleich, 1989 Saxer, 1980, S. 106; Zillmann & Bryant, 1985), argumentiert aus der Sicht des Publikums und ist ein für *alle Massenmedien* gültiges und nicht rein fernsehfokussiertes Modell.

57 Auf die Verbindungen und Korrelationen der Determinanten untereinander wird im Ergebnisteil der Arbeit ausführlich eingegangen.

Schaubild 6: Determinanten der Fragmentierung

Merkmale des Medienangebots	Merkmale des Publikums
Medientechnik und Gerätespezifika: • Zugangswege und Empfangsbedingungen • Interaktive Rückkanäle	*Gesellschaftsstruktur und soziales Umfeld:* • Individualisierung • Haushaltsgröße
Verfügbares Medienangebot: • Titel- und Programmvermehrung • Inhalte- und Zielgruppenspezialisierung	*Soziodemographie, z.B.* • Alter, Geschlecht, Bildung • Einkommen, sozialer Status
Aufmerksamkeitsaktionen der Medien: • Werbung und Marketingaktivitäten • Aufmachung, Plazierung der Botschaften	*Werte, Mentalität, Einstellungen, z.B.* • Anpassungsverhalten • Einstellungen zur Medientechnik und zu neuen Medienentwicklungen
Situative Determinanten	*Interessen und inhaltliche Präferenz:* • Vorlieben für bestimmte Formate, Genres • lokale Integration und Verbundenheit • Interessenfragmentierung • Bandbreite der Interessen • Selektivitätsgrad

↓

Fragmentierung der Mediennutzung

Ein zentrales Ziel der vorliegenden Arbeit muß es sein, zunächst ein Fragmentierungmaß zu entwickeln, quasi einen Gradmesser der Fragmentierung, der eine Vergleichbarkeit nach verschiedenen Ebenen und eine Untersuchung hinsichtlich möglicher Determinanten erlaubt. Dieses Maß dient dazu, in einem zweiten Schritt das Ausmaß und den Grad der Fragmentierung festzustellen. Hierbei geht es nicht nur um ein Gesamtpublikum, sondern es werden auch Gruppen hinsichtlich ihres Fragmentierungsgrades untersucht. Und drittens werden denkbare Determinanten in den Forschungsprozeß einbezogen, die das Ausmaß der Fragmentierung variieren und die Fragmentierung möglicherweise erklären können.

4. Anlage und Dimensionen der Untersuchung

Dies ist die erste Arbeit, die die Fragmentierung der Mediennutzung differenziert analysiert, das Fragmentierungsphänomen auslotet und die es aus verschiedenen Perspektiven sowie im Zusammenhang mit verschiedenen Determinanten betrachtet. Die ideale Datenbasis für dieses Forschungsvorhaben muß einige wichtige Voraussetzungen erfüllen:

- Es sollte sich um eine Untersuchung handeln, die den Mediengebrauch der Menschen erfaßt, wie es bei einer *Publikumsbefragung* der Fall ist.
- Die Untersuchung sollte vielfältige *Maße* der Mediennutzung erhoben haben und danach operationalisierbar sein.
- Sie sollte eine große Zahl von *Determinanten* enthalten, denen ein Einfluß auf die Mediennutzung zugeschrieben werden kann bzw. die mit der Fragmentierung zusammenhängen könnten.
- Die *Stichprobe* sollte groß genug sein, um Untergruppen zu bilden und um den Einfluß von Determinanten auf die Mediennutzung auch dann isoliert betrachten zu können, wenn sie miteinander zusammenhängen.
- Und schließlich, dies ist eine fast schon selbstverständliche Bedingung, sollte die Studie für Analysen *zugänglich* sein.
- Die Studie *KomRegio* erfüllt alle diese Voraussetzungen und eröffnet damit wichtige und präzise Analysemöglichkeiten für die Frage nach der Fragmentierung der Mediennutzung und den damit zusammenhängenden Determinanten.[58]
- Es handelt sich um eine der umfangreichsten und größten Regionalstudien der bisherigen Medienforschung. KomRegio ist eine Befra-

58 Diese Eigenschaften machen den Unterschied von KomRegio zu vielen bisher zitierten Forschungsarbeiten oder zu Datensätzen aus, die das Mediennutzungsverhalten der Bevölkerung sehr umfassend und über längere Zeiträume erhoben haben, wie zum Beispiel die Media-Analyse der AG.MA, die Allensbacher Werbeträger-Analyse oder die Studie Massenkommunikation der ARD/ZDF-Medienkommission.

gung, die repräsentativ für die Einwohner eines großen Untersuchungsgebietes ist.

- Das Kommunikationsverhalten der Befragten ist in der Studie detailliert erhoben worden: KomRegio erfaßt differenziert nach der Nutzungsintensität rund 29 verschiedene Medienangebote, wobei nach drei Splitgebieten differenziert wurde. Neben medialen Informationsquellen wurde auch die Rolle von Primärkommunikation mit einbezogen.
- KomRegio berücksichtigt eine große Zahl von Variablen zur Beschreibung des Charakterprofils und wichtiger Eigenschaften der befragten Personen. Und die Rahmenbedingungen der Mediennutzung werden durch Haushaltsstrukturdaten, Freizeitmuster und Vereinsaktivitäten, Angaben zur Arbeitswelt sowie die lokale Verankerung und Einbindung in die Region erfaßt.

Zahlreiche Institutionen waren an dieser Studie beteiligt.[59] Die Federführung und Projektleitung lagen bei der Autorin dieser Arbeit. Zentrales Ziel von KomRegio war es, Kommunikations- und Mediennutzungsstrukturen der Bevölkerung umfassend abzubilden. Dafür wurden die drei Ballungsräume Mannheim-Ludwigshafen, Mainz und Karlsruhe ausgewählt, d.h. die Städte und ihr angrenzendes Umland (Landkreise). Als Grundgesamtheit der Umfrage wurde die Bevölkerung ab 14 Jahren in Privathaushalten des Untersuchungsgebietes definiert. Aus dieser Grundgesamtheit wurde eine repräsentative Zufallsstichprobe von 1.805 Personen gezogen (ADM-Mastersample, vgl. auch Hajek, 1981).[60] Ein

---

59 KomRegio wurde vom Medienpädagogischen Forschungsverbund Südwest – eine Kooperation der Landesanstalt für Kommunikation Baden-Württemberg (LfK), der Landeszentrale für private Rundfunkveranstalter Rheinland-Pfalz (LPR) und des Südwestfunks/Südwestrundfunks – unter Federführung der LfK in Kooperation mit der Zeitungs Marketing Gesellschaft (ZMG) und in Zusammenarbeit mit dem Interfakultativen Institut für Angewandte Kulturwissenschaften (IAK) an der Universität Karlsruhe, dem Ministerium für Wissenschaft, Forschung und Kunst Baden-Württemberg, der Stiftung Lesen und dem Zentrum für Umfragen, Methoden und Analysen (ZUMA) getragen.

60 Basis der vorliegenden Arbeit sind jedoch nur 1.804 von ursprünglich 1.805 Befragten. Ein Fall wurde aus dem Datensatz entfernt, da er auf allen Medienvariablen bis auf öffentlich-rechtliches Fernsehen und Romane fehlende Werte aufweist und daher für die vorliegende Analyse unbrauchbar ist.

durchschnittliches Interview dauerte rund eine Stunde. Die hohe Ausschöpfungsquote der Basisstichprobe von 74 Prozent bestätigt die Zuverlässigkeit der gewählten Methode. Es handelt sich bei KomRegio also um *Querschnittsdaten,* d.h. die zu einem bestimmten Zeitpunkt erfaßte Nutzungssituation der Befragten.

Allerdings hat die Studie auch ihre Grenzen: Da KomRegio als Publikumsuntersuchung angelegt ist, liegen Daten über Spezifika des Medienangebotes, beispielsweise in Form einer Inhaltsanalyse, nicht vor. Und zugunsten der breiten Erfassung vielfältiger Mediengattungen wurde weitgehend auf die Differenzierung jeder einzelnen Gattung bzw. jedes einzelnen Angebots verzichtet (z.B. Erhebung einzelner Zeitungstitel oder verschiedener Fernsehsendungen). Bevor im folgenden die forschungsrelevanten Indikatoren aus KomRegio vorgestellt und deren Aufbereitung zur Analyse erläutert werden, zeigt das folgende Schaubild das Untersuchungsdesign von KomRegio nochmals zusammengefaßt im Überblick (vgl. Schaubild 7):

Schaubild 7: Überblick über das Untersuchungsdesign von KomRegio

Grundgesamtheit:	Bevölkerung ab 14 Jahren in den Landkreisen Karlsruhe, Mannheim-Ludwigshafen und Mainz
Stichprobe:	Repräsentative Zufallsstichprobe von 1.805 Befragten
Erhebungsmethode:	Persönlich-mündliche Befragung
Befragungszeitraum:	Februar und März 1998
Ausschöpfung:	74%
Feldarbeit:	IFAK Institut Taunusstein

Auswahl und Beschreibung der Analysevariablen

Für die vorliegende Arbeit sind zwei Untersuchungsdimensionen relevant: die Nutzung von Medienangeboten (Fragmentierung) und Merkmale der Rezipienten, die als Determinanten die Fragmentierung spezifizieren und den Fragmentierungsgrad beeinflussen können. Um diese Dimensionen abzubilden, können verschiedene inhaltliche Bereiche des

KomRegio-Fragebogens herangezogen werden. Die relevanten Meßdimensionen können zum Teil aus KomRegio unverändert in die Auswertung übernommen werden. Darüber hinaus werden forschungsadäquate Veränderungen der Variablen anhand von Recodes, Neuberechnungen und Verfahren der Indexbildung vorgenommen (vgl. Anhang 1).

Mediennutzung

Für die vorliegende Arbeit werden aus den ursprünglich 29 Medien zunächst diejenigen Angebote ausgewählt, die für die Fragmentierung relevant sind. Dazu gehören Printmedien, elektronische Medien wie Hörfunk und Fernsehen, aber auch interaktive Medienangebote wie zum Beispiel Videotext und das Internet. Insgesamt handelt es sich nur um Informationsmedien, nicht etwa um Videospiele, das Kino oder Videofilme. Dabei wird nach bundesweiten und lokal-regional orientierten Medienangeboten differenziert. Ausgeschlossen werden diejenigen Medienangebote, die nicht in allen drei Splitgebieten vertreten sind. Diese Einschränkung ist notwendig, da partiell vorhandene Medienangebote ohnehin nur von einem Bruchteil der Bevölkerung des Splitgebietes genutzt werden und die Fallzahl daher für differenzierte Analysen zu klein wäre. Folgende 15 Medien bleiben nach dieser „Bereinigung“ in der Analyse erhalten:

1. Überregionale Tageszeitungen
2. Lokale Tageszeitungen
3. BILD-Zeitung
4. Anzeigenblätter
5. Wochenzeitungen
6. Zeitschriften
7. Stadtmagazine
8. Südwest 3
9. Andere Dritte Fernsehprogramme
10. Öffentlich-rechtliche bundesweite Fernsehprogramme (ARD, ZDF)
11. Private Fernsehprogramme
12. Lokale Radiosender
13. Überregionale Radiosender
14. Videotext
15. Internet, Online-Dienste

Diese Auswahl bildet die lokale und überregionale Medienlandschaft im Untersuchungsgebiet ab. Sie umfaßt tagesaktuelle Medien ebenso wie Wochen- oder Monatsmedien; neben vielfältigen Printmedien spielen Hörfunk, Fernsehen und auch interaktive Medien eine Rolle. Selbstverständlich gibt es außer diesen 15 Medien noch eine Vielzahl an weiteren möglichen medialen und auch nicht-medialen Informationsquellen, die für die Fragmentierung relevant sein könnten. Doch deren umfassende Erhebung hätte den Rahmen von KomRegio gesprengt.

Dies gilt auch für die *Differenziertheit der Ebenen,* auf denen die einzelnen Medienangebote abgefragt wurden. In KomRegio gab es keine separate Erhebungsweise für jede einzelne Ebene. Die 15 Medien bewegen sich daher nicht auf einer einheitlichen Ebene, sondern auf jeweils unterschiedlichen Angebotsebenen: der Ebene der Mediengattungen (z.B. lokale Tageszeitung, Stadtmagazin, Internet), der Ebene der Rundfunksender bzw. Printtitel (z.B. Südwest 3, BILD-Zeitung), der Rundfunksystemebene (öffentlich-rechtliche bzw. private Fernsehprogramme) und einer räumlichen Ebene (lokale und überregionale Radiosender).

Die zeitliche Dimension der Fragmentierung wird durch die detailliert erhobene siebenstufige Nutzungsfrequenz berücksichtigt. Es handelt sich bei den Mediennutzungsdaten von KomRegio insgesamt also um eine *Mischebene der Fragmentierung.* Die vorliegende Arbeit überprüft damit in der empirischen Analyse die bisher vorgestellten Fragmentierungsebenen (vgl. Kapitel 2.2) nicht *pur* in ihrer Reinkultur und getrennt voneinander. Doch gerade die Vielfalt der abgebildeten Ebenen und ihrer jeweiligen Angebote macht die Fragmentierung nach dem Verständnis der vorliegenden Arbeit aus. Es wird ja davon ausgegangen, daß sich die Fragmentierung auf die gesamte Medienlandschaft bezieht. Fragmentierung läßt sich daher auch erst auf Basis eines vielfältigen Medienrepertoires messen und nicht nur auf bestimmte Kanäle oder nur einzelne Genres beschränken. Denn es ist relativ sinnlos, ausschließlich die Fragmentierung der Fernsehnutzung zu untersuchen, wenn große Teile des Medienpublikums möglicherweise gar nicht mehr lesen. Ein Fragmentierungsmaß rein nur für elektronische Medien oder nur für Printmedien trifft nach dieser Auffassung nicht das Fragmentierungsproblem.

Einige der vorgestellten Fragmentierungsebenen stehen für die Analyse in KomRegio nicht zur Verfügung:

- Die *Ebene der Kommunikationskanäle* wird nicht explizit erhoben; die gröbste Ebene der Mediennutzung in KomRegio ist die Gattungsebene.
- Die *Ebene der Inhalte und Genres* wird in KomRegio nicht abgebildet. Es wurde jedoch differenziert nach 24 Themenbereichen erhoben, für welche Themen die Befragten sich generell interessieren und in einem zweiten Schritt ergänzt, welche Medien man jeweils zur Information über ein Thema heranzieht. Damit ist für jeden Interessenbereich der Fragmentierungsgrad berechenbar, und somit können wenigstens indirekt die Inhalte und Genres bei der Fragmentierung berücksichtigt werden.
- Eine *Differenzierung der Ebene der Rundfunksender,* also einzelne Radio- oder Fernsehsendungen, Ausschnitte daraus oder das Zapping-Verhalten, wie es mit der GfK-Datenanalyse ermittelt werden kann, werden in KomRegio nicht abgebildet. Diese Rezeptionsschnipsel standen in in der Studie zugunsten der medienübergreifenden Sichtweise zurück.

15 Medienangebote aus KomRegio sind also Basis für die Untersuchung der Fragmentierung der Mediennutzung. Wie sich die Fragmentierung der Nutzung dieser Medien letztendlich messen und operationalisieren läßt, wird in Kapitel 5.1 empirisch umgesetzt.

Determinanten der Fragmentierung

KomRegio birgt eine Fülle von Merkmalen zur Beschreibung der Mediennutzer und ihrer Lebenssituation, so daß eine Vielzahl der in Kapitel 3.2 vorgestellten Determinanten berücksichtigt werden kann. Bevor die Determinanten im einzelnen vorgestellt werden, muß noch ein dramaturgischer Vorgriff erfolgen: Die Determinantenbildung, wie sie im folgenden dokumentiert wird, beruht nicht nur auf rein theoretischen Überlegungen, sondern ist bereits das Resultat umfangreicher Voranalysen und Praxistests. Die Determinanten wurden während der Entwicklungsphase hin zum endgültigen Indikator variiert, Indizes in ihre Einzelvariablen aufgelöst und in unterschiedlichsten Kombinationen zusammengefaßt bis schließlich das „optimale" Ergebnis erzielt wurde. Im folgenden werden die Determinanten kurz vorgestellt. Ihre Frageformulierungen, die Regeln für die Konstruktion von Indizes und die Bestandteile einzelner Faktoren werden im Anhang 1 aufgeführt und erläutert.

Merkmale des Medienangebots

Haushaltsausstattung mit Medien:
In KomRegio wurde die Medienangebotssituation in den befragten Haushalten sehr detailliert erhoben. Für die Fragmentierung sind dabei Geräte und Zugangsdekoder zur Mediennutzung zentral,[61] wie zum Beispiel ein Kabelanschluß, der Satellitenempfang, ein Videorekorder, das Abonnement einer Tageszeitung, ein Online-Anschluß oder ein Pay-TV-Abonnement.

Merkmale des Publikums

Soziales Umfeld:
Die *Haushaltsgröße* steht für die Anzahl der Haushaltsmitglieder.

Soziodemographie:
- *Geschlecht*
- *Lebensalter* – in drei Klassen (14-25 Jahre, 26-60 Jahre, 60 Jahre und älter)
- *Schulabschluß* als Indikator der formalen Bildung
- *Persönliches Haushaltsnettoeinkommen*
- *Beschäftigungsstatus* (hier unterscheide ich zwischen „beschäftigt" und „nicht beschäftigt")

Werte, Mentalität, Einstellungen:
- *Anpassungsverhalten:* Ausmaß der Zustimmung zum Statement „Ich versuche bewußt anders zu sein als andere".
- *Einstellungen zur Medientechnik und zu neuen Medienentwicklungen:* Hier unterscheide ich zwischen zwei Einstellungstypen. Der Typ, den ich *Visionär* nenne, steht für eine offene Haltung zu neuen Medienentwicklungen, glaubt an die Durchsetzung von Internet und Online-Diensten in der Gesellschaft und betrachtet es als notwendig,

61 Medienangebote, die zur Unterhaltungselektronik (Hifi-Anlage, Videospiele etc.) oder zu Kommunikationsgeräten (Fax, Handy etc.) gezählt werden können, spielen für die Fragmentierung der Mediennutzung keine Rolle.

an dieser Entwicklung aktiv teilzunehmen. Für eine ängstliche, restriktive Haltung zu neuen Medienentwicklungen steht der zweite Typ, den ich als *Überforderten* bezeichne. Dieser Typ sieht sich durch die Informationsflut überfordert und hat Schwierigkeiten im Umgang mit technischen Kommunikationsgeräten.

Interessen und inhaltliche Präferenzen:
Die Abbildung der Interessen beschränkt sich in KomRegio nicht nur auf die vereinfachend dichtomen Kategorien Information und Unterhaltung, sondern umfaßt 13 globale und 11 lokalbezogene Themen. Diese sind aktualitätsbezogen und „medienneutral", d.h. es handelt sich um Themenbereiche und Genres, die in (fast) allen Medienangeboten vorkommen können und nicht um medienspezifische Interessenbereiche wie zum Beispiel Fernsehgenres (Spielfilme, Krimis, Musiksendungen) oder Zeitungsressorts (Lokales, Modernes Leben u.a.). Auf Basis der insgesamt 24 Interessenvariablen wurden drei Indikatoren gebildet, die in unterschiedlicher Weise die Interessenstruktur der Befragten messen:

Indikator 1, Vorlieben für bestimmte Inhalte:
Hier unterschiede ich die folgenden fünf Themenbereiche: lokale Themen, Lebensfragen, Weltgeschehen, Freizeit, Beruf, Umwelt und Kultur.

Indikator 2, Interessenfragmentierung:
Als Indikator für die Abweichung vom durchschnittlichen Interessengefüge wurde ein Index gebildet, der anzeigt, inwiefern sich Personen(gruppen) in ihren Interessen vom Durchschnitt unterscheiden, also wie ungewöhnlich das Interessenspektrum des einzelnen im Vergleich zu den anderen ist. Es handelt sich um ein Abstandsmaß, bei dem der Populationsschnitt einen Nullpunkt darstellt und die Ungleichheit mit zunehmendem Abstand zu diesem wächst. Dies läßt sich grafisch sehr gut nachvollziehen. Das Histogramm in Schaubild 8 zeigt die Verteilung der Indexwerte und macht deutlich, daß sich die Gesamtpopulation in ihrer Interessenstruktur unterscheidet und der einzelne zu einer eher heterogenen Interessenstruktur tendiert. Denn die Mehrzahl der Befragten gruppiert sich um den Mittelwert von 20, also in einem relativ großen Abstand vom durchschnittlichen Interessenspektrum.[62]

---

62 Vorstellbar wäre etwa auch eine bipolare Verteilung, bei der sich die eine Hälfte der Befragten nahe der y-Achse gruppiert und damit eine eher durchschnittliche Interes-

Schaubild 8: Interessenfragmentierung

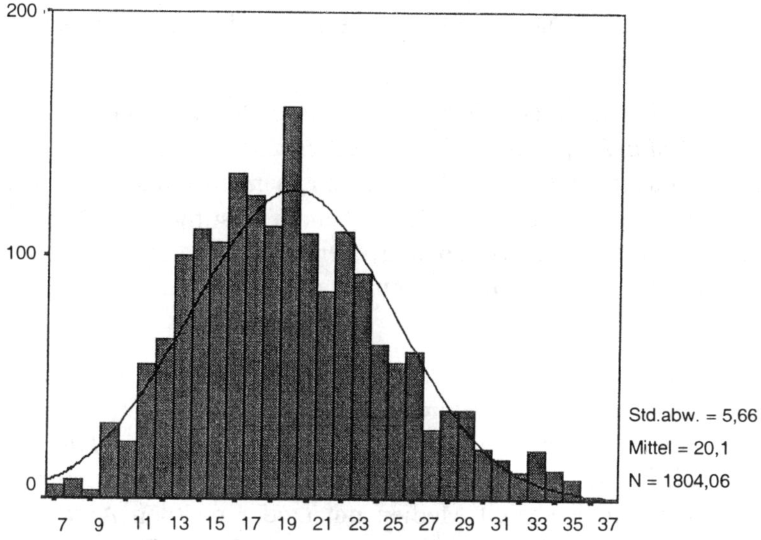

Indikator 3, Umfang und Vielfalt der Interessen (Interessenbandbreite): Die Bandbreite des Interesses über alle Themen gibt den quantitativen Umfang und damit auch die Vielfalt von persönlichen Interessen an. Sie macht aber keine Aussagen darüber, auf welche konkreten Themen sich das Interessenrepertoire verengt oder welche Themen es in seiner Bandbreite umfaßt.

Neben diesen drei Indikatoren lassen sich in KomRegio noch weitere Variablen finden, die als Indikatoren für Intereressendimensionen herangezogen werden können bzw. mit Interessen verbunden sind.

---

senstruktur anzeigt, während der andere Teil sich weit außen rechts ballt und damit ein stark abweichendes Interessenspektrum aufweist.

Regionale/lokale Verbundenheit:
Die Verbundenheit mit der Region, dem Stadtteil und der Wohngegend geht als Index in die Analyse ein und gilt u.a. als Indikator für das Interesse am Geschehen vor Ort.

Wichtigkeit von lokalem Geschehen / von Geschehen im Umkreis von 50 km / im Bundesland / in Deutschland / im Ausland:
Diese Determinante mißt zusätzlich zu den themengebundenen Vorlieben das generelle Interesse am Geschehen in bestimmten *räumlichen Dimensionen* und gibt an, ob jemand eher lokal oder eher kosmopolitisch orientiert ist, unabhängig von konkreten Themen.

Selektivitätsgrad:
Der Selektivitätsgrad steht für einen interessengeleiteten Umgang mit dem Medienangebot und wird durch zwei Typen abgebildet. Zum einen durch einen Typ, den ich *Zufall* nenne und der eine *wenig selektive, eher spontane, zufallsgesteuerte Mediennutzung* aufweist, indem er zum Beispiel viel zappt, nicht gezielt Medien nutzt oder nur den Anfang von Artikeln in der Zeitung liest. Den Gegentypen nenne ich *Planer.* Er steht für eine *hochselektive, gezielte, geplante Mediennutzung;* er ist informiert über das Informationsangebot, weiß, wo er sich die nötige Information beschaffen kann und geht nach einem Schema gezielt vor.

Soweit die Determinanten, wie sie bereits in Kapitel 3.2 diskutiert wurden. Darüber hinaus enthält KomRegio eine Fülle weiterer Eigenschaften ihrer Befragten, von denen hier zusätzlich drei ausgewählt und in die Analyse einbezogen werden, weil sie ebenfalls in einem möglichen Zusammenhang mit der Fragmentierung stehen könnten.

Freizeitaktivitäten:
Das Freizeitverhalten hängt mit der Mediennutzung zusammen. So ist beispielsweise mit der Zunahme der Freizeit eine steigende Mediennutzungsdauer verknüpft (Bild, 1998, S. 15). Freizeitaktivitäten könnten daher die Fragmentierung fördern oder auch hemmen, indem etwa geselligkeitsfördernde Aktivitäten eher hemmend und Outdoor-Aktivitäten eher fördernd mit der Fragmentierung zusammenhängen könnten. Folgende fünf Freizeitvariablen sind in der folgenden Analyse relevant: *Action, Kultur, Outdoor, Geselligkeit, Engagement.*

Expertentum / Ratgeber:
Die Tatsache, daß jemand als Ratgeber oder Experte fungiert, könnte fragmentierungsrelevant sein. So ist es plausibel, daß Mediennutzer, die in einem Thema als Experte gelten oder anderen häufig Rat geben auch in ihrer Mediennutzung „Vorbildcharakter" haben und darin von anderen imitiert werden. In KomRegio wird zwischen *Ratgeber, Ratsuchendem oder Ratnehmer* und dem *Expertenstatus* unterschieden. Alle drei Variablen gehen als Determinanten in die Analyse ein.

Publikumsbeteiligung:
Diese Determinante steht für Handlungen des Rezipienten, die über die rein passive Rezeption von Medienbotschaften hinausgehen, eher teilnehmenden Charakter an Medienereignissen haben bis hin zur Kontaktaufnahme zwischen Sender und Empfänger. Wesentliches Kriterium ist dabei die Eigenaktivität des Nutzers. Formen der Publikumsbeteiligung umfassen zum Beispiel ein Buch oder die CD zu einer Fernsehsendung zu kaufen, sich über Tele-Learning weiterzubilden, Leserbriefe zu schreiben, einem Club anzugehören, an Zuschauerreisen teilzunehmen oder eine Redaktion anzurufen (vgl. auch Livingstone & Lunt, 1994).

All diese Formen der Teilnahme sind aus Sicht des Nutzers Möglichkeiten, um Einfluß auszuüben, Kontakt aufzunehmen und sich näher oder intensiver mit Medienangeboten auseinanderzusetzen. Eine solche Variable wurde in der bisherigen Publikumsforschung noch nie als Determinante der Mediennutzung eingesetzt. Mit ihrer Überprüfung möchte ich dem Vorwurf begegnen, daß die Auswahl der Publikumsdimensionen in der Rezeptionsforschung nur sehr begrenzt ist und viele Eigenschaften des Publikums außer acht gelassen werden (Goertz, 1997, S. 20).

Insgesamt sind es *44 Variablen,* die in die nachfolgende Analyse als Determinanten der Fragmentierung eingehen werden. In Schaubild 9 werden sie in einer Übersicht nochmals in verdichteter Form präsentiert.

Schaubild 9: Übersicht über die Determinanten der Fragmentierung aus KomRegio

Merkmale des Medienangebots

Haushaltsausstattung mit Medien

Merkmale des Publikums

Soziales Umfeld:

Haushaltsgröße

Soziodemographie:

- Geschlecht
- Alter
- Schulabschluß
- Einkommen
- Beschäftigungsstatus

Werte, Mentalität, Einstellungen:

- Anpassungsverhalten
- Einstellungen zur Medientechnik und zu neuen Medienentwicklungen

Interessen und inhaltliche Präferenzen

- Vorlieben für bestimmte Inhalte
- Interessenfragmentierung
- Umfang und Vielfalt der Interessen (Interessenbandbreite)
- Regionale/lokale Verbundenheit
- Wichtigkeit von lokalem Geschehen / von Geschehen im Umkreis von 50 km / im Bundesland / in Deutschland / im Ausland

Selektivitätsgrad

Freizeitaktivitäten

Expertentum / Ratgeber

Publikumsbeteiligung

5. Ergebnisse

In diesem Kapitel werden die Ergebnisse der empirischen Untersuchung dargestellt und zwar in fünf Schritten: Zuerst wird ein Fragmentierungsindex entwickelt und das Ausmaß der Fragmentierung berechnet. Anschließend werden in einem Exkurs weitere theoretisch denkbare Maße der Fragmentierung vorgestellt, diskutiert und empirisch getestet. In einem dritten Schritt werden die Determinanten der Fragmentierung bestimmt und viertens Fragmentierung differenziert nach bestimmten Interessengruppen untersucht. Die Diskussion und Interpretation der dargestellten Befunde erfolgt abschließend in einem fünften Schritt.

5.1 Das Ausmaß der Fragmentierung

Das Ausmaß der Fragmentierung wird durch den Fragmentierungsindex gemessen. Dieses Maß wurde basierend auf den Eigenschaften und den Kriterien des Fragmentierungskonzepts entwickelt, wie es dieser Arbeit zugrundeliegt (vgl. hierzu Kapitel 2.1) und stellt für die vorliegende Arbeit eine „geeichte" Maßzahl dar. Dieser Index wird auf der *individuellen Personenebene* gemessen und zugleich in Beziehung zur Gesamtpopulation, also „den anderen", gesetzt, von deren Verhalten ja die Überschneidung der Mediennutzung abhängt. Individual- und Aggregatebene werden auf diese Weise gleichermaßen berücksichtigt. Mit diesem Individualmaß sind Rechenoperationen möglich, die eine Vielzahl von Determinanten gleichzeitig untersuchen und nach ihrem individuellen Einfluß auf die Fragmentierung unterscheiden können. Es kann hinsichtlich verschiedener Medienangebote und nach speziellen Publikumssegmenten verglichen werden.

Zur Berechnung des Index wird über alle 15 Medien die Differenz der individuellen Mediennutzung vom Durchschnitt aufsummiert. Dabei werden die Differenzen z-transformiert. Der Index besteht aus der Summe der Abweichungen für jedes einzelne Medienangebot. Die Befragten werden in ihrem Medienverhalten also auf einen mehrdimensionalen Index reduziert, der angibt, inwiefern das individuelle Nutzerprofil über die 15 Medien vom Gesamtdurchschnitt abweicht.

Was sagt der Index aus? Je stärker eine Person in ihrer Mediennutzung von den anderen abweicht, desto größer ist der Fragmentierungsindex und damit der Fragmentierungsgrad. Der Bezugspunkt für das individuelle Nutzungsverhalten ist also ein mittlerer Wert für die Verteilung der Gesamtpopulation. Man könnte dem Index nun vorwerfen, daß diese Durchschnittsnutzung gar kein „echter“ Mittelwert und daher kein geeigneter Bezugspunkt ist, weil die anderen einzelnen Nutzer möglicherweise gar keine „Durchschnittsnutzung“ aufweisen und sich damit nicht auf einen Wert vereinigen lassen. Dem ist entgegenzuhalten, daß dieser Mittelwert auch nicht normalverteilt sein muß, um als Bezugspunkt der Indexberechnung zu funktionieren. Zum einen werden durch die Differenz der Individualwerte von der Durchschnittsnutzung extrem große und extrem kleine Abstände für jeden einzelnen im Index entsprechend berücksichtigt. Zum anderen kommen bimodale oder mehrgipfelige Verteilungen der Werte in den 15 Mediennutzungsvariablen in KomRegio nicht vor.

Wie groß ist die Fragmentierung der Mediennutzung? Bei welchen einzelnen Medienangeboten ist das Mediennutzungsverhalten der Bevölkerung am fragmentiertesten? Zunächst werden die 15 Medienangebote als Einzelbestandteile des Fragmentierungsindex separat betrachtet. Die Differenzen zwischen der individuellen Mediennutzung und dem Wert der Gesamtpopulation wurden aufgrund des unterschiedlichen Erscheinungsrhythmus bzw. Aktualitätsgrades der jeweiligen Medienangebote zur Vergleichbarkeit z-standardisiert. Die Angaben zum Fragmentierungsgrad in der rechten Spalte der folgenden Tabelle 1 bewegen sich daher jeweils zwischen null und eins, wobei null den minimalen und eins den maximalen Fragmentierungsgrad anzeigt. Ausgehend von diesem Spektrum ist der Tabelle als ein erster zentraler Befund zu entnehmen, daß die Nutzerschaft im Hinblick auf jedes einzelne Medienangebot relativ stark fragmentiert ist. Denn kein Wert ist kleiner als 0,5 (vgl. Tabelle 1). Die Tabelle stellt die Medienangebote in einer Rangordnung dar, beginnend mit dem kleinsten Fragmentierungsgrad.

Den kleinsten Fragmentierungsgrad weisen die privaten Fernsehprogramme auf, gefolgt vom öffentlich-rechtlichen Fernsehen, der Tageszeitung und dem Internet. Beim Internet liegt die Gemeinsamkeit der Nutzerschaft in der Nicht- bzw. Wenignutzung, während sie bei der Lokalzeitung in der (Viel-)Nutzung besteht.

Tabelle 1: Fragmentierung in der Nutzung verschiedener Medienangebote

Medienangebot	*Fragmentierungsgrad (Index)*
Private Fernsehprogramme	0,65
Öffentlich-rechtliche Fernsehprogramme	0,70
Lokale Tageszeitungen	0,74
Internet, Online-Dienste	0,74
Zeitschriften	0,78
Anzeigenblätter	0,81
Überregionale Radiosender	0,82
Lokale Radiosender	0,83
Überregionale Tageszeitungen	0,84
Wochenzeitungen	0,86
Videotext	0,86
Südwest 3	0,87
Andere Dritte Fernsehprogramme	0,87
BILD-Zeitung	0,87
Stadtmagazine	0,88

N = 1.804

Dieser Befund eignet sich gut, um eine wichtige Eigenschaft des Fragmentierungsindex zu verdeutlichen: Es spielt bei der Berechnung und Interpretation des Index nämlich keine Rolle, ob sich die Nutzungssituation durch ein hohes Maß an gemeinsamer häufiger Nutzung oder durch ein hohes Maß an gemeinsamer seltener bzw. Nichtnutzung auszeichnet. Für den Fragmentierungsgrad ist lediglich die Ähnlichkeit des Nutzungsrhythmus maßgeblich. Und diese Ähnlichkeit kann eben auch in der gemeinsamen Nichtnutzung bestimmter Angebote liegen.[63]

Läßt sich aus den unterschiedlichen Fragmentierungsgraden in Tabelle 1 möglicherweise eine *Systematik* herauslesen, die zum Beispiel aus den spezifischen Eigenschaften der Medienangebote resultieren könnte? Immerhin wären Unterschiede zwischen den interaktiven Medien (Internet, Videotext) und zwischen weniger individuell nutzbaren Angeboten mit vorgegebener Erscheinungsweise oder vorgegebenem Rezeptionsschema denkbar. Hier sind jedoch keine systematischen Unterschiede im Fragmentierungsgrad zu sehen: Anhand der vorliegenden Befunde kann die häufig vorgebrachte Vermutung, daß interaktive Medien durch ihre Freiheit im Nutzungsrhythmus eine stärkere Fragmentierung mit sich bringen, nicht bestätigt werden. Der Fragmentierungsgrad des Internets ist deutlich geringer als der Fragmentierungsgrad beim Radio oder den dritten Fernsehprogrammen.[64]

Auch eine zweite denkbare Systematik zwischen lokal-regional ausgerichteten Angeboten und Medien mit eher bundesweiter Verbreitung läßt sich anhand der Befunde in Tabelle 1 nicht erkennen: Lokale Medien weisen im Vergleich zu nationalen Medien nicht durchgängig einen kleineren oder größeren Fragmentierungsgrad auf. So macht ein Vergleich zwischen der Lokalzeitung und dem Stadtmagazin deutlich, daß zwei Lokalmedien einen ganz unterschiedlich starken Fragmentierungsgrad haben können.

Im folgenden wird die Betrachtung einzelner Medienangebote und ihres Fragmentierungsgrades verlassen. Es geht nun um die Nutzung der 15 Medienangebote, um das Medienrepertoire. Die folgende Balkengrafik basiert auf der Fragmentierung in der Nutzung der 15 Medienangebote und zeigt die Verteilung der Indexwerte für alle Befragten. Sie

63 Diese Überlegungen verdeutlichen auch, daß es notwendig ist, die Indexwerte in der obigen Tabelle zu standardisieren. Ansonsten würden durch die Berechnung in unterschiedlichen Skalenbereichen (Internetnutzung: selten = 6 / nie = 7; Nutzung der Tageszeitung: täglich = 1 / mehrmals wöchentlich = 2) künstliche Gewichtungen der Indexwerte entstehen.

64 Es muß allerdings berücksichtigt werden, daß sich die Nutzungsflexibilität nur auf die siebenstufige Frequenzskala von täglich bis nie bezieht und kleinere Nutzungsintervalle nicht erfaßt werden.

macht deutlich, inwiefern Personen in der Nutzung des Medienrepertoires voneinander abweichen (vgl. Schaubild 10).

Schaubild 10: Das Ausmaß der Fragmentierung über 15 Medien

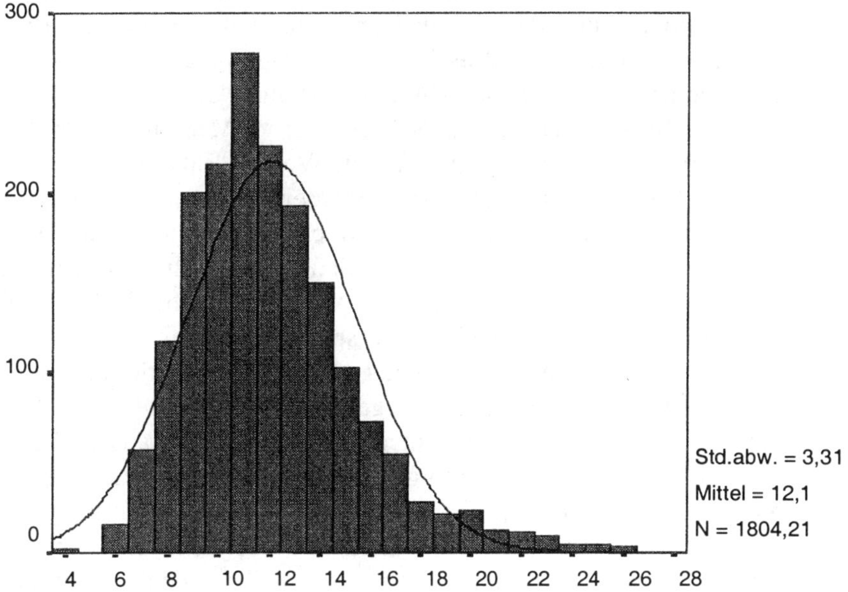

Welche Informationen lassen sich im einzelnen aus dem Schaubild entnehmen? Das Schaubild zeigt, daß der Fragmentierungsgrad der meisten Personen normalverteilt um den Mittelwert des Fragmentierungsindex (12,1) streut. Dieser Indexmittelwert repräsentiert den Abstand der Befragten zum Mittelwert der Gesamtpopulation, der theoretisch im Nullpunkt liegen muß.[65] Mit zunehmendem Abstand der Verteilung vom

65 Allerdings tritt nicht genau der Nullpunkt im Schaubild als Minimum auf, vielmehr liegt der kleinstmögliche Abstand eines Individuums von der mittleren Mediennut-

Nullpunkt nimmt also der Fragmentierungsgrad zu. Der Fragmentierungsindex kann daher auch als Abstandsmaß bezeichnet werden. Systematische Muster, zum Beispiel Cluster oder Lücken in der Balkenabfolge, lassen sich im Schaubild nicht erkennen. Das Minimum des Fragmentierungsindex liegt bei 4,42 das Maximum bei 28,33.

Die Balkenstruktur in Schaubild 10 zeigt auf plastische Weise, wie sich Fragmentierungsstrukturen bei den Befragten manifestieren. Die vom Nullpunkt und damit vom Durchschnitt wegsstrebende Balkenabfolge macht deutlich, daß es in der Gesamtpopulation fast kein durchschnittliches bzw. einander ähnliches Medienverhalten gibt. Die Tendenz zur Homogenität bei der Nutzung der 15 Medienangebote ist unter den Befragten also gering ausgeprägt. Welche Balkenstruktur wäre bei einem hohen Maß an gemeinsamer Mediennutzung zu erwarten? Wären die Personen weniger oder nur schwach fragmentiert, würden die Indexwerte und damit die Balken alle dichter am Nullpunkt, dem Gesamtmittelwert liegen. Und vermutlich würde dann die Balkenverteilung nach außen hin abfallen, weil die Personen weniger werden.

An dieser Stelle endet die Sezierung des Fragmentierungsindex. Seine Berechnung, die zugrundeliegenden Annahmen, seine Einzelbestandteile und seine Funktionsmechanismen wurden ausführlich diskutiert und erläutert. Die nachfolgenden Analysen verwenden nun dieses Maß als Indikator für die Fragmentierung der Mediennutzung über alle 15 Medien. Dies entspricht dem Ziel der Arbeit, Fragmentierung in der Nutzung eines Medienrepertoires zu untersuchen. Zunächst widmet sich aber der folgende Exkurs weiteren denkbaren Ansätzen zur Messung von Fragmentierung.

5.2 Exkurs: Maße für Fragmentierung – eine Evaluation

Wie kann Fragmentierung noch gemessen werden? Gibt es ein alternatives, ein besseres oder ein vergleichbares Maß zum Fragmentierungsindex? Obwohl der Index dem Fragmentierungsverständnis der vorliegen-

---

zung bei 4,42. Diesen Wert kann man errechnen, indem man die kleinstmögliche Distanz über alle 15 Variablen berechnet und aufsummiert. Kleinere Werte können rein rechnerisch nicht auftreten. Es handelt sich also um einen systematischen Abstand zwischen dem kleinsten Fall und dem Gesamtmittelwert.

den Arbeit entspricht und auch empirisch „funktioniert", untersuche ich im folgenden Exkurs hierzu die bereits vorgestellten und krititisch diskutierten theoretischen Fragmentierungskonzepte (vgl. hierzu Kapitel 2.1) in ihrem Vermögen, Fragmentierung *empirisch* abzubilden.

Im einzelnen sind dies die folgenden vier Konzepte: der Umfang des Medienrepertoires, das Konzept der Verteilung, das Cluster-Konzept und das Konzept der Medienmenüs und Repertoirekombinationen.

Warum dieses Verfahren? Immerhin wäre es ja denkbar, daß diese Konzepte in ihrem Verständnis von Fragmentierung zwar theoretisch kritisierbar sind, sich empirisch aber zu adäquaten Maßen für die Fragmentierung entwickeln lassen. Diesem Gedanken gehe ich im folgenden nach, indem ich die empirischen Eigenschaften, die Resultate, die Schwächen und Defizite der Konzepte vorstelle und damit gleichzeitig die Relevanz des Fragmentierungsindex überprüfe.

1. Der Umfang des Medienrepertoires

Um zu überprüfen, ob der Repertoireumfang als Indikator für die Fragmentierung taugt, werden die 15 Medienvariablen entlang des Medians und zusätzlicher Nutzungskriterien dichotomisiert. Diese Rekodierung in Nutzung und Nichtnutzung mag zunächst sehr rigide und mit einem größeren Informationsverlust belastet erscheinen. Sie ist aber sinnvoll, um mögliche Strukturen der Fragmentierung erst sichtbar zu machen, die auf Basis der komplexen siebenstufigen Original-Nutzungsskala nicht erkennbar sind.

In einem weiteren Schritt wird die Gesamtstichprobe in drei Gruppen mit unterschiedlich großem Repertoire aufgeteilt und entsprechend benannt. Die Gruppen werden ganz pragmatisch gebildet mit dem Ziel, die Verteilung der Variable Medienrepertoire zu dritteln. Folgende drei Gruppen ergeben sich durch diese Vorgehensweise:

1. Nutzung von 0 bis 7 Medienangeboten (19 % der Gesamtstichprobe): Wenignutzer entsprechen dem Verständnis von Polarisierung.
2. Nutzung von 8 bis 14 Medienangeboten (56 % der Gesamtstichprobe): Diese Gruppe wird im folgenden Mittelnutzer genannt.
3. Nutzung von 15 bis 25 Medienangeboten (25 % der Gesamtstichprobe): Vielnutzer, die Prototypen für die Ausdifferenzierung der Mediennutzung sind.

Schaubild 11: Mediennutzungsanteile bei unterschiedlichem Medienrepertoire (in %)

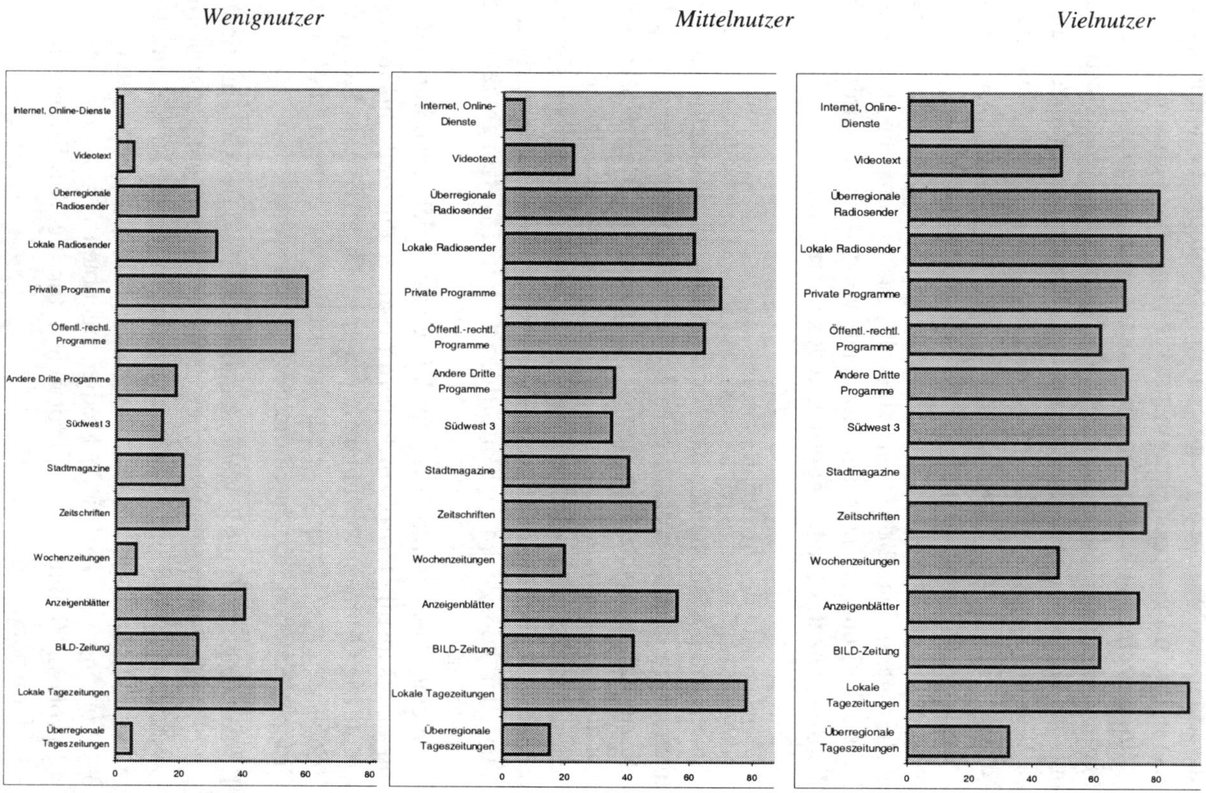

Um zu prüfen, ob und inwiefern sich die Fragmentierung im Umfang des Medienrepertoires manifestiert, wird in Schaubild 11 dargestellt, welche Medienangebote zu welchen Anteilen innerhalb der drei Medienrepertoiregruppen genutzt werden.[66] Das Schaubild 11 verdeutlicht, daß Personen mit geringem Medienrepertoire (Wenignutzer) eine Präferenz für das private und öffentlich-rechtliche Fernsehen und die Tageszeitung haben. Die Nutzer dieser Gruppe konzentrieren sich also mehrheitlich auf wenige Angebote. In diesen überschneiden sie sich aber relativ stark: Die Angebote werden jeweils von mehr als der Hälfte genutzt. Bei den Rezipienten mit einem mittleren Medienrepertoire (Mittelnutzer) erreichen neben den Angeboten der Wenignutzer lokale und überregionale Radiosender eine hohe Reichweite (> 80%). Die Mittelnutzer überschneiden sich in den einzelnen Angeboten stärker als die Wenignutzer.

Das Bild des Nutzungsverhaltens der Vielnutzer ähnelt einem gleichmäßig stark genutzten Medienrepertoire, wobei die Vorliebe der Vielnutzer auf das Radio und die Tageszeitung fällt. Die Vielnutzer überschneiden sich bei jedem einzelnen Medienangebot deutlich stärker in ihrer Mediennutzung als die Mittel- und Wenignutzer.

Taugen die Strukturen in Schaubild als Gradmesser für die Fragmentierung? Die Antwort muß nein lauten. Die Probleme dieses Ansatzes werden durch die Strukturen des Schaubilds deutlich und entsprechen damit der bereits vorgebrachten Kritik an diesem Fragmentierungskonzept:[67] So ist in den Schaubildern zwar für jedes *einzelne Medienangebot* die Reichweite und damit der Überschneidungsgrad sichtbar. Es wird auch deutlich, daß sich die Wenignutzer aus dieser Einzelbetrachtung in viel weniger starkem Maße überschneiden als die Mittel- und die Vielnutzer. Aber die Überschneidungsanteile über das *Gesamtrepertoire* innerhalb der einzelnen Gruppen können nicht nachvollzogen werden. Es gibt keinen Gradmesser für die Fragmentierung. Unklar ist auch, ob es innerhalb der drei Repertoiregruppen Nutzer(gruppen) gibt, die Me-

66 Mit der folgenden Vorgehensweise, Drittelung nach dem Medienrepertoire und Vergleich der Nutzungsanteile, beantwortet Schulz (1998) die Frage nach der Fragmentierung bzw. Überschneidung in der Fernsehnutzung anhand des Channel-Repertoires (vgl. Schulz, 1998, S. 69-72).

67 An diese Grenzen stößt auch Schulz (1998) in seiner Darstellung und Interpretation von Channel-Repertoires (S. 69-72), er erwähnt dies allerdings nicht explizit.

dienangebote gar nicht oder ausschließlich nutzen und sich darin von den anderen unterscheiden. Und um innerhalb der drei Gruppen solche Segmente zu identifizieren ist fast schon detektivischer Spürsinn und ein gutes Maß an Intuition erforderlich, von einer Untersuchung nach verschiedenen Determinanten ganz zu schweigen. Ein solches Vorhaben scheitert in der empirischen Praxis an seiner Komplexität und an Fallzahlproblemen. Aus diesen Gründen kann der vorliegende Ansatz kein befriedigendes Maß für die Fragmentierung sein.

2. Das Konzept der Verteilung

Mit dem Maß der *Entropie* läßt sich das Konzept der (ungleichen) Verteilung auf seine Indikatorfunktion für die Fragmentierung überprüfen. Die Entropie[68] bildet Ungleichheiten in Verteilungen ab und mißt die Verteilung einer Gruppe (hier: Mediennutzer) über eine Anzahl von Merkmalsausprägungen (hier: 15 Medienvariablen). Sie funktioniert folgendermaßen: Je größer der Entropiewert, desto *gleichmäßiger* verteilen sich die Nutzer über das Medienangebot. Der Entropiewert wird maximal, wenn jedes Medienangebot gleichmäßig mit Nutzern besetzt ist, d.h. wenn jedes Angebot denselben Anteil an Nutzern innerhalb einer Gruppe auf sich vereint. Wenn sich die Nutzer auf bestimmte Medienangebote *konzentrieren* und andere weniger nutzen, also wenn Ungleichheiten innerhalb der Nutzerschaft auftreten, verringert sich die Entropie. Der kleinste Entropiewert ist erreicht, wenn alle Personen nur ein einziges Medienangebot nutzen, also nur eine einzige aller verfügbaren Medienkategorien besetzt ist. In dieser Situation, in der alle Befragten auf dasselbe Medienangebot zugreifen, wäre der Fragmentierungsgrad null.[69]

---

68 Die Entropie ist definiert als die Summe der mit ihrem Logarithmus gewichteten Anteile einer Verteilung. Sie nimmt den Wert Null an, wenn sich alle Einheiten einer Verteilung in einer Kategorie finden und erreicht ihren Maximalwert bei einer gleichmäßigen Verteilung aller Einheiten über alle Kategorien hinweg (Shannon & Weaver, 1959, S. 21; vgl. auch Hohlfeld, 1998; Hohlfeld & Gehrke, 1995; Magidson, 1981 und Theil, 1969). Für einen Überblick über Heterogenitäts- und Diversitätsmaße vgl. Blau, 1977 und Franzmann & Wagner, 1999.

69 Das Entropie-Maß gibt keine Auskunft über die inhaltliche Qualität einer Verteilung, sondern zeigt nur die numerische Größe der gruppeninternen Heterogenität einer Verteilung an (Franzmann & Wagner, 1999, S. 83). Um weitere inhaltliche Aussagen

Ohne an dieser Stelle die Entropiewerte für die Gesamtpopulation und für verschiedene Nutzergruppen im Hinblick auf das Medienangebot aufzuführen, wird deutlich, daß sich nur bei dieser zuletzt geschilderten, relativ selten auftretenden Nutzungssituation eindeutige Aussagen über den Fragmentierungsgrad treffen lassen. Der maximale Entropiewert drückt zwar aus, daß jedes Angebot denselben Nutzungsanteil besitzt. Doch diese Struktur kann zum einen dadurch zustande kommen, daß alle Befragten alles nutzen, sie kann aber zum anderen auch dadurch entstehen, daß sich die Nutzer(gruppen) jeweils nur auf eines der Angebote konzentrieren und alle anderen Medien nicht nutzen. Im ersten Fall wäre der Fragmentierungsgrad null, im zweiten Fall wäre er maximal. Und der Entropiewert wäre beidesmal derselbe. Die Entropie ist zwar wie der Fragmentierungsindex ein quantitatives Maß zur Messung von Nutzungsstrukturen über 15 Medienangebote, doch ihr Problem bei der Messung von Fragmentierung liegt darin, daß unklar bleibt, welche konkreten Nutzungsstrukturen hinter dem Wert stehen, also inwiefern die einzelnen Nutzer tatsächlich voneinander abweichen bzw. sich überschneiden. Dies macht die Grenzen der Entropie als Maß für die Fragmentierung deutlich. Das Konzept der Verteilung ist kein geeigneter Indikator für die Fragmentierung.

3. Das Cluster-Konzept

Um das Cluster-Konzept und seine Vorstellung von sich nicht überschneidenden Nutzersegmenten auf seine Eignung als Fragmentierungsmaß zu prüfen, habe ich ein Verfahren eingesetzt, das das Gesamtpublikum anhand seines Mediennutzungsverhaltens in homogene Segmente aufteilt, die sich möglichst unähnlich sind: die hierarchisch-agglomerative *Clusteranalyse* nach Ward.[70] Zentral bei der Analyse war, daß die Segmentierung nur anhand der Nutzung der 15 Medienangebote vorgenommen wird und die sonstigen Publikumsmerkmale keine Segmentationskriterien darstellen (vgl. auch Kubitschke & Trebbe, 1992).

---

treffen zu können, müßte zusätzlich die Häufigkeitsverteilung der Personen über die Medienangebote herangezogen werden.

70 Diese Analysemethode wird in der Marketingpraxis angewendet, um der Zielgruppenfragmentierung Herr zu werden und um für die entsprechenden Cluster marketingrelevante Kriterien zu ermitteln (Drees, 1998).

Die Mediennutzung wurde dabei auf der siebenstufigen Frequenzskala gemessen.[71] Es ließen sich damit sechs Mediennutzungstypen identifizieren, also klar voneinander abgrenzbare Befragtengruppen, die sich durch ihren Nutzungsmodus charakterisieren lassen.[72] Ein erster wichtiger Befund der Clusteranalyse ist zunächst, daß sich interpretierbare und stabile Nutzertypen überhaupt herauskristallisieren.[73] Zwei Folgerungen sind daraus abzuleiten:

1. Erstens sind Gemeinsamkeiten im Nutzungsverhalten der Befragten durchaus vorhanden. D.h. es gibt keine so extremen Unterschiede, daß jeder ein von allen anderen verschiedenes Nutzungsverhalten besitzt. Wäre dies der Fall, so hätten sich keine Typen bilden lassen; die Clusteranalyse hätte nicht funktioniert.
2. Zweitens nutzt aber nicht jeder das gleiche Angebot in der gleichen Intensität. Es besteht, gemessen am Nutzungsrhythmus, also keine hundertprozentige Überschneidung. Es kristallisieren sich vielmehr distinkte Nutzerprofile heraus, die Medienangebote in unterschiedlicher Intensität nutzen.

Tabelle 2 stellt die sechs Clustertypen anhand ihres Nutzungsverhaltens über die 15 Medienangebote vor und macht deutlich, daß sich die Cluster durch ihre Nutzungsschwerpunkte unterscheiden (vgl. Tabelle 2).

In der folgenden Benennung der Cluster versuche ich, dieses Nutzungsverhalten zu akzentuieren und zusammenzufassen: Nutzer qualitativ anspruchsvoller Printmedien (Cluster 1), Fans von öffentlich-rechtlichem Fernsehen (Cluster 2), Medienwenignutzer/Privatfernseh-Fans (Cluster 3), Medienverweigerer ohne die Nutzung lokaler Medien, aber der Nutzung von Privatfernsehen (Cluster 4), Vielnutzer mit

71 Weitere Clusteranalysen auf Basis mehrfach rekodierter Nutzungsskalen kamen zu denselben Befunden. Deshalb habe ich die siebenstufige Häufigkeitsskala und damit die vollständige Information beibehalten.

72 Dieser Typenbildung gingen umfangreiche Analysen voraus, die hier nicht im einzelnen dargestellt werden.

73 Eine Diskriminanzanalyse bestätigt die Typbildung als stabil und trennscharf mit einer durchschnittlichen Klassifikationsgenauigkeit von 80 Prozent.

*Tabelle 2: Die Clustertypen und ihre Mediennutzung (Mittelwerte)**

Cluster	*1*	*2*	*3*	*4*	*5*	*6*	*Gesamt*
Überregionale Tageszeitungen	4,0	6,4	6,0	6,2	5,5	3,6	5,4
Lokale Tageszeitungen	1,7	1,9	2,4	3,5	1,4	1,6	1,9
BILD-Zeitung	4,8	4,3	4,1	6,0	2,8	3,9	4,1
Anzeigenblätter	3,9	3,2	4,1	5,4	2,9	3,3	3,6
Wochenzeitungen	4,9	6,2	5,9	6,6	5,4	4,1	5,6
Zeitschriften	2,9	3,0	2,6	5,4	2,1	2,4	2,8
Stadtmagazine	4,8	6,0	5,9	6,6	5,1	4,1	5,4
Südwest 3	4,4	2,6	5,3	6,3	2,1	2,5	3,5
Andere Dritte Programme	5,4	3,3	5,7	6,6	2,6	3,3	4,2
Öff.-rechtl. Fernsehprogramme	1,7	1,3	1,6	2,4	1,5	1,7	1,6
Private Fernsehprogramme	2,0	1,4	1,2	1,8	1,4	1,7	1,5
Lokale Radiosender	2,7	2,8	3,3	5,4	1,8	2,1	2,7
Überregionale Radiosender	2,3	2,9	3,2	5,3	2,1	1,8	2,7
Videotext	4,9	5,7	5,9	6,6	3,9	3,0	5,0
Internet, Online-Dienste	6,0	6,9	6,7	6,9	6,6	4,4	6,4
Clustergröße	21,5%	27,4%	17,8%	5,2%	20,4%	7,8%	100,0%

* Die Mittelwerte beziehen sich auf die Nutzungsskala von 1 (nutze ich täglich) bis 7 (nutze ich nie).

N = 1.804

Schwerpunkt lokale Medienangebote (Cluster 5), Medienvielnutzer mit einer Affinität zu neuen Medien (Cluster 6).

Was bedeutet nun die Typenbildung für die Fragmentierung der Mediennutzung? Für die Messung von Fragmentierung sind die clusteranalytischen Befunde nicht geeignet. Zwar basieren sie wie der Fragmentierungsindex auf der Nutzungsintensität und nicht auf der nur dichotomen Differenzierung zwischen Nutzung und Nichtnutzung. Doch zum einen kann die Frage nach der Überschneidung in der Mediennutzung mit diesen Strukturen nicht beantwortet werden: Die Clustertypen überlappen sich in allen 15 Medienangeboten mehr oder weniger. Ein Grad oder Ausmaß ist dabei nicht feststellbar. Zum anderen kann mit den Clusteranalysen ein eher qualitativ ausgerichtetes, inhaltliches Konzept verfolgt werden: Im Mittelpunkt der Betrachtung stehen dabei die einzelnen Medienkategorien und ihre Nutzung. Ein quantitatives Maß für den Überschneidungsgrad hinsichtlich des gesamten Medienangebots, wie es dem Fragmentierungsverständnis dieser Arbeit entspricht, liefert die Clusteranalyse nicht.

4. Das Konzept der Medienmenüs und Repertoirekombinationen

Um das Konzept der Medienmenüs und Repertoirekombinationen auf seine Tauglichkeit zur Messung von Fragmentierung empirisch zu überprüfen, wird zur Vereinfachung wieder auf die dichotomisierten Mediennutzungsvariablen zurückgegriffen. In einem weiteren Schritt der Komplexitätsreduktion werden die 15 verschiedenen Medienangebote zunächst zu vier übergeordneten Angebotsklassen zusammengefaßt, die verschiedenen Mediengattungen entsprechen:

- Printmedien (Überregionale Tageszeitungen, lokale Tageszeitungen, BILD-Zeitung, Anzeigenblätter, Wochenzeitungen, Zeitschriften, Stadtmagazine)
- Fernsehen (Südwest 3, andere Dritte Fernsehprogramme, öffentlich-rechtliche Fernsehprogramme, private Fernsehprogramme)
- Hörfunk (Lokale Radiosender, überregionale Radiosender)
- Interaktive Medien (Videotext, Internet/Online-Dienste)

In den folgenden beiden Tabellen werden nun verschiedene Überschneidungsszenarien anhand der vier Mediengattungen in unterschiedlichen Menükombinationen dargestellt. Dabei ist zu berücksichtigen, daß die vier Angebotsklassen sich in ihrer Aussage explizit auf die darin zusammengefaßten Angebote beziehen. Zunächst zeigt die Tabelle 3 die Reichweite jeder *einzelnen* Mediengattung.

Tabelle 3: Reichweite einzelner Mediengattungen

Mediengattungen	*%*	*n*
Printmedien	98,0	1.769
Fernsehen	88,3	1.593
Hörfunk	78,1	1.410
Interaktive Medien	30,1	543

N = 1.804

Bei der Betrachtung der Nutzung nur einzelner Mediengattungen wird deutlich, daß Printmedien unter den Befragten die größte Reichweite einnehmen und fast alle Befragten vereinen (98 %). Diese Gattung weist daher den geringsten Fragmentierungsgrad auf. Interaktive Medien hingegen bieten weniger als einem Drittel der Befragten eine gemeinsame Nutzungsbasis. Die Gattungen Fernsehen und Hörfunk erreichen jede für sich mehr als drei Viertel der Gesamptpopulation.

Für die vorliegende Arbeit ist jedoch die Repertoirebetrachtung und damit die Berücksichtigung des gesamten Medienspektrums relevant. Daher werden im folgenden Repertoirekombinationen im Hinblick auf den Überschneidungsgrad betrachtet (vgl. Tabelle 4).

Die in Tabelle 4 dargestellte kombinierte Nutzung von Gattungen schließt nicht aufgeführte Gattungen explizit als nicht genutzt aus.[74] Erst in einer mehrere Medien umfassenden Repertoirebetrachtung wird deut-

74 Beispiel: Die Kategorie „Printmedien, Fernsehen, Hörfunk“ umfaßt ca. 47 Prozent der Befragten. Dies sind Personen, die Printmedien, Fernsehen und Hörfunk, aber *keine* interaktiven Medien nutzen.

lich, daß ein geringerer Prozentsatz der Befragten in *allen vier* Mediengattungen übereinstimmt: Nur 22 Prozent der Befragten nutzen alle vier Gattungen, das sind weniger als ein Viertel der Befragten. Begrenzt man die Gemeinsamkeit auf *drei Medien*, so ist die Gemeinsamkeit höher: 47 Prozent nutzen Printmedien, Fernsehen und Hörfunk gemeinsam, allerdings keine interaktiven Medien. Sobald interaktive Medien im Repertoire sind, weisen die Dreier-Kombinationen nur marginale Überlappungen ihrer Nutzerschaften auf (< 5%).[75] Bei denjenigen, die sich in ihrer Nutzung auf nur *zwei Medien* beschränken, nutzen 14 Prozent der Befragten Fernsehen und Printmedien gemeinsam. Diese Gruppe ist von Hörfunkangeboten und interaktiven Medien ausgeschlossen. Die Kombinationen Fernsehen und interaktive Medien bzw. Hörfunk und interaktive Medien kommen nicht vor, diese Gattungen schließen sich offensichtlich gegenseitig aus. Die Nutzung nur einer einzigen Gattung und gleichzeitig die Nichtnutzung aller anderen Gattungen ist eine sehr seltene Nutzungsform (insgesamt 2,8 %). Ich nenne diese Gruppe die *Exklusivnutzer*. Eine letzte sehr kleine Gruppe nenne ich *Totalverweigerer* und meine damit diejenigen, die gar keine der hier erhobenen Medien nutzen (0,4 %).

In einem zweiten Schritt werden nun die Repertoirekombination und die Überschneidungsstrukturen für die 15 verschiedenen Medienangebote einzeln untersucht, um dem Fragmentierungsverständnis dieses Konzepts nachzugehen, daß immer weniger Menschen über ein gemeinsam genutztes Medienrepertoire verfügen. Dieses Vorhaben wird bei den 15 verschiedenen Medienangeboten sehr schnell zu einem komplexen Vorhaben. Wie kann dies empirisch und auswertungstechnisch umgesetzt werden? Ein denkbarer Ansatz könnte in einem stufenweisen Vorgehen liegen, das ausgehend von dem am meisten genutzten Angebot (hier: den lokalen Tageszeitungen) die Zahl gemeinsamer Nutzer mit jedem hinzukommenden meistgenutzten Angebot reduziert bis schließlich nur noch Nutzer übrig sind, die alle bis dahin aufgeführten Medien gemeinsam nutzen. Auf jeder Repertoirestufe wird damit der Anteil derjenigen Befragten angezeigt, die genau dasselbe Medienrepertoire

75 Zusätzliche Analysen haben ergeben, daß interaktive Medien vorzugsweise von denjenigen genutzt werden, die ohnehin bereits (fast) alle anderen Medien nutzen. Dieser Befund erklärt die Zahlen der Tabelle.

nutzen und sich darin überschneiden. Auch hier wird also wieder mit den dichotomen Nutzungsvariablen gearbeitet (vgl. Tabelle 5).

Tabelle 4: Reichweite von Gattungsrepertoires

Kombinationen	*%*	*n*
Nutzung aller vier Gattungen	21,8	394
Nutzung dreier Gattungen		
Printmedien, Fernsehen, Interaktive Medien	3,8	68
Printmedien, Fernsehen, Hörfunk	46,8	845
Printmedien, Interaktive Medien, Hörfunk	3,7	67
Fernsehen, Interaktive Medien, Hörfunk	0,1	2
Nutzung zweier Gattungen		
Fernsehen, Hörfunk	0,6	10
Printmedien, Interaktive Medien	0,7	12
Fernsehen, Interaktive Medien	0	0
Hörfunk, Interaktive Medien	0	0
Fernsehen, Printmedien	14,3	259
Printmedien, Hörfunk	5,0	90
Nutzung einer Gattung		
nur Printmedien	1,9	35
nur Fernsehen	0,8	15
nur interaktive Medien	0	0
nur Hörfunk	0,1	2
Nutzung keiner Gattung	0,4	7

N=1.804

Tabelle 5 zeigt, daß fast drei Viertel der Befragten zur lokalen Tageszeitung greifen. Erweitert man das Repertoire um privates Fernsehen und damit um das Medienangebot, das von allen noch vorhandenen Angeboten den größten Zuspruch der Lokalzeitungsleser findet, so reduziert sich diese Nutzergruppe auf nur noch die Hälfte der Rezipienten. Diese Verminderung nimmt mit jedem zusätzlichen Medienangebot zu, bis schließlich nur noch eine Person übrig bleibt, die das gesamte Repertoire in der hier dargestellten Reihenfolge nutzt. Der Fragmentierungsgrad steigt also mit jedem zusätzlichen Medienangebot an, wobei Radiosender mit Lokalbezug einen größeren Überschneidungsrückgang auslösen.

Tabelle 5: Überschneidung in der Nutzung von 15 Medienangeboten

Medienangebot	*%*	*n*
Lokale Tageszeitungen	76,6	1.378
Private Fernsehprogramme	51,5	926
Öffentlich-rechtliche Fernsehprogramme	41,9	754
Lokale Radiosender	26,9	484
Überregionale Radiosender	19,9	357
Anzeigenblätter	13,0	234
Zeitschriften	8,8	159
Südwest 3	6,3	113
Andere Dritte Fernsehprogramme	5,5	99
BILD-Zeitung	3,1	56
Stadtmagazine	1,3	24
Wochenzeitungen	0,8	14
Videotext	0,3	5
Überregionale Tageszeitungen	0,1	1

N = 1.804

Doch die Grenzen dieser Vorgehensweise werden schnell deutlich. Denn die Tabelle 5 stellt nur die Kombination der lokalen Tageszeitung mit anderen Medien in *einer* möglichen Reihenfolge des Repertoireaufbaus vor. Diese Reihenfolge könnte nun ausgehend von der lokalen Tageszeitung variiert werden, indem jedes Medienangebot jeden denkbaren Rang in der Reihenfolge wenigstens einmal einnehmen muß.

Erst dadurch werden alle Nutzungskombinationen und ihre Nutzerschaften deutlich. Diese Rechenprozedur müßte dann ausgehend von jedem der 15 Medienangebote geleistet werden, da die Reihenfolge des Repertoireaufbaus bei jedem Angebot verschieden sein wird. Und um alle möglichen Kombinationen von Medien zu erfassen, müssen die vielen verschiedenen Teilsegmente anschließend verknüpft bzw. miteinander verrechnet werden. Dies bedeutet nicht nur einen ungeheuer großen Aufwand und ein umständliches Prozedere, sondern das Vorhaben ist methodisch kaum in den Griff zu bekommen.

Hilfreich wäre hier ein *computergestütztes Auswertungsverfahren,* das diese Arbeit übernimmt und das Medienrepertoire jedes einzelnen Nutzers mit dem aller anderen vergleicht. Dadurch würde deutlich, in welchen Medien(kombinationen) sich die Nutzer überschneiden und wo sich Exklusivgruppen bilden. Gängige Statistikprogramme geraten bei dieser Frage schnell an ihre Grenzen, wie das folgenden Beispiel verdeutlicht: Ein Tool im Statistikprogramm SPSS kann Muster in Mehrfachantworten identifizieren und arbeitet nach einem Prinzip, das der oben beschriebenen Auswertungslogik folgt. Es berechnet, wie häufig welche Kombinationen von Antworten bei einem dichotomen Mehrfachantwortenset auftreten. Um die Übertragung des Tools auf die vorliegenden Daten zu prüfen, wurden die 15 Medienangebote als Set definiert, wobei jedes Medienangebot als Dummy-Variable (Nutzung / Nichtnutzung) eingeht. Man deklariert dann die Nutzung als „missing“ und ruft das Menü „Analyse fehlender Werte (Missing Value Analysis)“ auf. Als Resultat sollte man theoretisch ein Muster der fehlenden Werte (d.h. der genutzten Medien) erhalten, dargestellt in einer Tabelle anhand der absoluten Häufigkeit. Damit hätte man die Nutzungsstrukturen mehrdimensional abgebildet. Dieses Analysetool scheiterte jedoch an der Datenfülle. Auch eine Reduktion der Stichprobe auf nur 10 Prozent der Fälle und eine deutliche Verringerung der Anzahl der Medienangebote änderten daran nichts.

Andere computergestützte Verfahren der Datenanalyse zur Erkennung von komplexen, mehrdimensionalen Strukturen, die dem hier geprüften Fragmentierungskonzept entsprechen, sind (noch) nicht verfügbar. Immerhin arbeiten Mathematiker an der Universität Dortmund an der Entwicklung eines Instruments, das solche Strukturen erfassen und abbilden könnte: die Formal Concept Analysis (FCA). Allerdings ist dieses Analyseverfahren noch nicht auf alle Datenstrukturen übertragbar und wird derzeit erst in naturwissenschaftlichen Fragen getestet. Dieses Auswertungsverfahren und das dazugehörige Statistikprogramm hätte jedoch das Potential, zu einem Meilenstein für viele Fragen der empirischen Kommunikationsforschung zu werden.[76] Ähnliche Fortschritte sind auch im Zusammenhang mit clusteranalytischen Verfahren zu beobachten, wobei es möglich wird, immer größere Datenmengen und immer komplexere Kategoriensysteme zu verarbeiten (Wishart, 1999).

Diese Fortschritte in der Datenverarbeitung dienen zwar dem Konzept der Medienmenüs und Repertoirekombinationen und seinen Annahmen. Sie entsprechen jedoch nicht dem Fragmentierungskonzept der vorliegenden Arbeit, das von einem quantitativen Gradmesser für Fragmentierung ausgeht und dafür das gesamte Medienrepertoire berücksichtigt. Genau diese beiden Kriterien erfüllen die hier vorgestellten Überlappungsanalysen zu Repertoirekombinationen und Medienmenüs nämlich nicht. Sie machen zwar deutlich, ob die Menschen nicht mehr lesen oder nicht mehr fernsehen, zeigen, welche Medien miteinander kombiniert werden und welche eher schlecht zusammenpassen, sie beschreiben aber gerade damit wie bereits die Clusteranalye ein eher inhaltliches Phänomen, das mit der quantitativen Fragmentierungsdefinition nicht einhergeht. Das Ausmaß und der Grad der Fragmentierung werden letztlich in den vorgestellten Tabellen nicht ermittelt. Es bleibt unklar, inwiefern eine starke oder schwache Fragmentierung vorliegt. Zudem, und dies ist das zweite Kriterium, stehen bei den Überlappungsanalysen einzelne Angebote und Teile aus dem gesamten Repertoire im Mittelpunkt. Die Fragmentierung wird aber gerade dadurch weniger als Phänomen einer gesamten Medienlandschaft betrachtet, sondern es wird

76 Eine Anwendung des Instruments auf die Fragmentierungsthematik der vorliegenden Arbeit wurde geprüft. Es hat sich jedoch als nicht machbar und (noch) nicht übertragbar herausgestellt.

vielmehr zerstückelt vorgegangen, indem einzelne Angebote in den Vordergrund rücken, der Bezug zu den anderen Angeboten in einer Gesamtbetrachtung fehlt dabei.

Fazit

Insgesamt bestätigt die Kritik an der empirischen Umsetzung der Konzepte die bereits im theoretischen Teil vorgebrachten Zweifel und Einwände. Alle vier Fragmentierungs-Konzepte sind keine adäquaten Maße für die Fragmentierung, wie sie in der vorliegenden Arbeit gemessen werden soll. Sie können den Fragmentierungsindex weder stützen und ergänzen, noch verbessern oder gar ersetzen. Für die nachfolgenden Analysen ist daher der Fragmentierungsindex das geeignete Maß.

5.3 Determinanten der Fragmentierung

In diesem Kapitel wird einer zentralen Forschungfrage der vorliegenden Arbeit nachgegangen: Es werden mögliche Zusammenhänge zwischen dem vorgestellten Determinantenset und der Fragmentierung der Mediennutzung untersucht. Welche Determinanten sind hier maßgebend? Inwiefern beeinflussen sie den Fragmentierungsgrad? Und welche Determinanten spielen für die Fragmentierung gar keine Rolle?

Die Determinanten können zunächst *bivariat* auf ihren vermuteten Zusammenhang mit der Fragmentierung überprüft werden. Die folgenden drei Tabellen zeigen dies exemplarisch für die *Bandbreite der Interessen* und den *Schulabschluß* als Indikator für den formalen Bildungsgrad. Für den Bildungsgrad wurde ja bereits vermutet, daß er positiv mit der Fragmentierung zusammenhängen könnte. Bei der Interessenbandbreite blieb die Richtung eines vermuteten Zusammenhanges dagegen unklar (vgl. Kapitel 3.2). Um die Vermutung eines Zusammenhanges und die Spezifizierung der Richtung in einem ersten Analyseschritt für die Interessenbandbreite zu testen, wurden aus den Befragten drei Gruppen mit kleiner, mittlerer und großer Interessenbandbreite gebildet und deren Fragmentierungsindizes verglichen. Tabelle 6 zeigt zunächst einmal einen signifikanten, positiven Zusammenhang.

Tabelle 6: Fragmentierungsgrad nach Interessenbandbreite

Interessenband -breite	*0 bis 6 Interessen*	*7 bis 14 Interessen*	*15 bis 24 Interessen*
Index	13,35	11,74	11, 56
n	435	857	512

p < .001
N = 1.804

Die Gruppe mit einem kleinen Interessenspektrum (0 bis 6) weist einen größeren Fragmentierungsgrad auf als die Gruppen mit einem vielfältigeren breiteren Interessenrepertoire. Zwar ist der Unterschied des Fragmentierungsindex zwischen denjenigen mit mittlerer und denjenigen mit großer Interessenvielfalt nicht mehr ganz so deutlich, trotzdem kann man von einem klaren Effekt sprechen. Dieser negative Zusammenhang zwischen der Bandbreite der Interessen und der Fragmentierung wird auch durch die bivariate Korrelation mit der Interessenbandbreite als metrischer Variable bestätigt (r = -.23; p < .001). Er besagt: Je weniger Interessen man hat, desto größer ist der Fragmentierungsgrad. Je breiter das Interessenspektrum und je mehr thematische Anknüpfungspunkte vorhanden sind, desto ähnlicher ist die Mediennutzung der Befragten untereinander. Da in den Korrelationen keine Kausalitäten ausgedrückt werden, ist auch der Umkehrschluß plausibel: Eine dem Durchschnitt ähnliche Mediennutzung und damit ein geringer Fragmentierungsgrad fördert das Interesse an vielen Themen.

Mit der nächsten Tabelle wird der Vermutung nachgegangen, daß die Fragmentierung mit dem Bildungsgrad variiert. Je höher gebildet, so die plausible Vermutung, desto größer der Fragmentierungsgrad. Für diese Annahme wurde der Schulabschluß als Indikatorvariable zur Messung des formalen Bildungsgrads dichotomisiert, indem die Stufen Volksschule (mit/ohne Lehre) und Realschule als niedriger, Abitur und Studium als hoher formaler Bildungsgrad definiert wurden.

Tabelle 7: Fragmentierungsgrad in verschiedenen Bildungsgruppen

Bildung	*hoch*	*niedrig*
Index	13,00	11,95
n	230	1574

$p < .001$
N = 1.804

Die Tabelle 7 bestätigt recht deutlich die bereits aufgestellte Vermutung, nach der ein höherer Bildungsgrad mit einer stärkeren Fragmentierung zusammenhängt. Niedrig Gebildete ähneln in ihrer Mediennutzung eher dem Durchschnitt. Dieser positive Effekt wird auch durch eine bivariate Korrelation des Schulabschlusses mit dem Fragmentierungsgrad bestätigt ($r = .21$; $p < .001$).

Möglicherweise hängen die beiden Einflußvariablen Interessenbandbreite und Bildung aber auch miteinander zusammen und bedingen sich gegenseitig in ihrem Einfluß auf die Fragmentierung. Es ist schließlich bekannt, daß ein höheres Bildungsniveau mit einer größeren Interessenvielfalt einhergeht. Mit einer zusätzlichen Segmentation möchte ich gezielt dieser Überlegung nachgehen (vgl. Tabelle 8).

Die Tabelle zeigt nur für den niedrigen Bildungsgrad den bereits bekannten signifikanten Zusammenhang: Befragte mit einem niedrigen Schulabschluß sind mit einer größeren Interessenvielfalt auch fragmentierter. Die Gruppe mit einem hohen Bildungsgrad zeigt dagegen keinen signifikanten Zusammenhang zwischen ihrer Interessenbandbreite und der Fragmentierung.

Das höhere Bildungsniveau läßt den ursprünglichen Effekt zwischen der Interessenbandbreite und der Fragmentierung „verschwinden“. Insgesamt sind die Zusammenhänge in Tabelle 8 angesichts der geringen Fallzahlen in den einzelnen Zellen zwar unter Vorbehalt zu betrachten, doch es wird bereits nach der Berücksichtigung zweier Variablen deutlich, daß sich die Determinanten auch gegenseitig in ihrem Einfluß auf die Fragmentierung bedingen.

Tabelle 8: Fragmentierungsgrad nach der Interessenbandbreite, Segmentation nach Bildungsgruppen

	Bildungsgrad					
	niedrig			*hoch*		
Interes-sen-band-breite	*0 bis 6*	*7 bis 14*	*15 bis 24*	*0 bis 6*	*7 bis 14*	*15 bis 24*
Index	13,42	11,49	11,35	12,52	13,29	12,75
n	403	736	435	32	121	77

$p < .001$ nicht signifikant
N = 1.804

An dieser Stelle wird die exemplarische Determinanten-Analyse abgebrochen. Es wären noch etliche bivariate Korrelationen zu rechnen, die alle interessante Einzelbefunde ergeben würden. Doch die Vorgehensweise hat mehrere Nachteile: Sie führt mit jeder weiteren Determinante zu einer unübersichtlichen Anzahl von Einzeltabellen. Es läßt sich immer nur eine Variable kontrollieren, wenn die Tabellen weiterhin lesbar bleiben sollen. Und wie die letzte Tabelle zeigt, gerät man durch zunehmende Segmentierungen schnell in Fallzahlprobleme und angesichts von insgesamt 44 Variablen rasch an die Grenze des Machbaren. Es hat sich auch angedeutet, daß die Ergebnisse ganz anders ausfallen können, wenn weitere wichtige Determinanten in die Analyse einbezogen und damit auch die vermuteten Zusammenhänge zwischen den einzelnen Determinanten berücksichtigt werden.

Denn zwischen den fragmentierungsrelevanten Determinanten bestehen vermutlich Korrelationen und Interaktionen. So sind etwa Werthaltungen und Interessen oft altersabhängig. Auch die Einstellung zur Technik und die lokale Integration hängen zusammen: Innovatoren sind eher kosmopolitisch orientiert (Rogers, 1983, S. 257ff.). Denkbar ist auch, daß mit zunehmendem finanziellem Potential die Haushaltsausstattung mit Medien zunimmt und damit die Möglichkeit vorhanden ist, aus einem großen Angebotsspektrum auszuwählen. Außerdem wenden sich junge Menschen schneller neuen (Medien-)Angeboten zu als ältere. Diese Altersspaltung wurde beispielsweise bei der Einführung des privaten Rundfunks in der Schweiz deutlich (Bonfadelli & Hättenschwiler, 1989). Und es ist bekannt, daß das Interesse an bestimmten Medieninhalten wiederum mit dem Alter zusammenhängt (Gerhards, Grajczyk & Klingler, 1999). Diese denkbaren Zusammenhänge müssen berücksichtigt werden.

Ein adäquates statistisches Verfahren, das alle vorgestellten Determinanten aus KomRegio zugleich um den Einfluß auf die Fragmentierung konkurrieren läßt, ist die *multiple Regression.* Sie errechnet den Anteil, den jede einzelne Determinante zur Veränderung des Fragmentierungsindex beiträgt und berücksichtigt gleichzeitig, wie häufig diese Determinante gemeinsam mit anderen Einflußgrößen aufgetreten ist (vgl. Backhaus, Plinke & Weiber, 1996, S. 1-53; Brosius & Brosius, 1998, S. 471-504). Ob signifikante Effekte dann tatsächlich in einem Kausalzusammenhang mit der Fragmentierung der Mediennutzung stehen, läßt sich statistisch nicht eindeutig entscheiden. Um darüber Klarheit zu gewinnen, können zusätzliche Annahmen, Plausibilitätsüberlegungen und Literaturfundstellen hinzugezogen und Zusammenhänge durch Zusatzanalysen spezifiziert werden.

Die Determinanten gehen gleichberechtigt in die Analyse ein (simultane multiple Regression). Variablen mit fehlenden Werten wurden aus der Analyse grundsätzlich ausgeschlossen, nicht aber der gesamte Fall. Dadurch gehen die einzelnen Variablen mit unterschiedlicher Fallzahl in die Analyse ein, d.h. Korrelationskoeffizienten basieren zum Teil auf weniger Fällen.[77] Die aus dieser Vorgehensweise resultierenden Risiken wie etwa die Verletzung der Kreuzproduktmatrizen, werden dabei bewußt in Kauf genommen.

Da die Zahl der unabhängigen Variablen sehr groß ist (44 einzelne Variablen bzw. Indizes) und logischerweise nicht alle einen bedeutenden

---

77 Die optimale Umgangsweise mit fehlenden Werten besteht darin, den jeweils fehlenden Wert einer Variablen mit Hilfe einer multiplen Regressionsanalyse auf Basis aller anderen Werte zu prognostizieren (multiple imputation). Dieses Verfahren sprengt den Rahmen der vorliegenden Arbeit.

Einfluß haben können, wurden bis zum Endmodell Analyseparameter und Determinantenkonstellationen variiert und umfangreiche Zusatzanalysen durchgeführt: Es wurden andere Variablen geprüft, Indizes modifiziert, Determinanten entfernt und hinzugenommen, um zu kontrollieren, wie sich die Multikollinearität, die partiellen Korrelationskoeffizienten und die Signifikanzen im Modell verändern. Dabei wurde Multikollinearität nur bis zu einer Toleranzgrenze von 20 Prozent zugelassen, d.h. das Bestimmtheitsmaß jeder einzelnen Variable darf 0,8 nicht überschreiten (T > 0,2).

Darüber hinaus wurde eine Signifikanzschwelle festgelegt, die eine Determinante überschreiten muß, um in der vorliegenden Analyse als „statistisch erheblich" für die Fragmentierung der Mediennutzung zu gelten. Dafür ist ein partieller Korrelationskoeffizient von mindestens 0,10 notwendig, d.h. die Variable muß mindestens 1 Prozent des Modells erklären, wobei durch Rundungsverfahren auch kleinere Werte eine Chance bekamen.[78] Der Schwellenwert entspricht dem Quadrat des partiellen Korrelationskoeffizienten jeder einzelnen Determinante mit der abhängigen Variable. Dieses recht konservative Aufnahmekriterium entspricht nicht der in der Sozialwissenschaft üblichen Signifikanzgrenze einer Irrtumswahrscheinlichkeit von höchstens 5 Prozent, sondern setzt den Maßstab strenger.[79] Auf diese Weise wurden nur jene Variablen in das Schlußmodell übernommen, die sich in den Analysen nach diesen Kriterien und Vorkehrungen als durchsetzungsfähig und stabil erwiesen.[80]

Die Vielzahl potentieller Einflußgrößen reduziert sich dadurch im Endmodell auf die wichtigsten Determinanten der Fragmentierung, die in der Tabelle 9 zusammengefaßt sind. Für diese und alle weiteren Tabellen mit Regressionsbefunden in der vorliegenden Arbeit gilt: Die

78 Die Korrelationskoeffizienten wurden auf zwei Nachkommastellen aufgerundet. Dadurch gelangen auch Werte von z.B. r = .098 ins Regressionsmodell. Sie erhalten dort den Wert r = .10 zugewiesen.

79 Nach diesem Kriterium sind natürlich auch schon kleinere Koeffizienten statistisch hochsignifikant.

80 Die hier beschriebenen statistischen Parameter für die lineare Regression gelten für alle weiteren Regressionsanalysen im Fortgang dieser Arbeit gleichermaßen als Standard.

Determinanten, die auf Indizes beruhen, werden im Hinblick auf die darin gebündelten Items erläutert, um die inhaltliche Bedeutung der jeweiligen Determinanten deutlich zu machen und um anschließende Interpretationen zu erleichtern.

Durch die eingeführten Determinanten werden 28 Prozent des Modells erklärt. Insgesamt sind nur ganze fünf der ursprünglich 44 Determinanten für die Fragmentierung der Mediennutzung maßgebend. Um zu überprüfen, ob dieses Modell stabil ist, d.h. ob die statistisch erheblichen Schätzungen gegenüber dem nicht ins Modell einbezogenen Variablenrest bestehen können, wurde eine Regression mit nur denjenigen fünf Variablen gerechnet, die sich im Endmodell als statistisch erheblich erwiesen haben (vgl. Tabelle 9).

Tabelle 9: Determinanten der Fragmentierung

	partielle Korrelationskoeffizienten (mindestens +/- .10)[a)]
Interessen	
Lokale Themen	-.14
Interessenfragmentierung	.29
Haushaltsausstattung	
Videorekorder	-.11
Kabelanschluß	-.15
Satellitenempfang	-.10

R-Quadrat = .28; p < .001
N = 1.804
a) Wegen Multikollinearität ausgeschlossene Variable: Bandbreite der Interessen

Die Ergebnisse dieser Zusatzanalyse bestätigen das Endmodell als sehr zuverlässig: Die fünf Variablen erklären rund 20 Prozent des „kleinen" Modells (R-Quadrat = .20; p < .001), ihre partiellen Korrelationskoeffizienten sind alle größer als im Endmodell, mit einer Ausnahme: Der Satellitenempfang verfehlt die Signifikanzschwelle nur knapp (r = -.09).

Im Determinantenmodell in Tabelle 9 zeigen sich zwei Blöcke von statistisch erheblichen Determinanten: die Interessen und die Empfangsbedingungen im Haushalt. Die *Interessenfragmentierung*, d.h. die Eigenart der Interessenstruktur im Vergleich zur Gesamtbevölkerung liefert den höchsten Erklärungsbeitrag für die Fragmentierung. Je ungewöhnlicher das Interessenspektrum, desto ungewöhnlicher auch die Mediennutzung. Von den vielen Interessenbereichen ist jedoch nur das Interesse an vielfältigen *lokalen Themen* mit der Fragmentierung direkt verbunden.[81] Das heißt: Wenn sich jemand für Informationen über das Geschehen vor Ort interessiert, unterscheidet er sich weniger von der Mediennutzung der anderen.

Der zweite Determinantenblock, technische Empfangsvoraussetzungen im Haushalt, birgt die Voraussetzungen für einen zeitlich flexiblen Zugriff auf ein vergrößertes Angebot an Fern-sehinhalten. Tabelle 9 zeigt, daß die Determinanten Videorekorder, Kabelanschluß oder Satellitenempfang jede für sich negativ mit der Fragmentierung zusammenhängen. Daraus läßt sich folgern: Je mehr Auswahl an Fernsehkanälen bzw. -inhalten durch technische Geräte vorhanden ist, desto geringer ist der Fragmentierungsgrad und desto eher entspricht die Mediennutzung dem Durchschnitt. Diese drei für Fragmentierung statistisch erheblichen Empfangsvoraussetzungen beziehen sich vor allem auf die *Fernsehnutzung*. Doch es ist plausibel, daß der Empfang zusätzlicher Fernsehkanäle und die Möglichkeit des zeitversetzten Sehens durch einen Videorekorder auch die Mediennutzung insgesamt, also auch die Nutzung von Printmedien oder Hörfunk beeinflußt, indem beispielsweise weniger gelesen und mehr Zeit vor dem Fernseher verbracht wird (vgl. Stipp, 1998, S. 75).

81 Dieser Interessenbereich bündelt die lokalen Themen „Berichte über Unglücke und Schicksalsfälle hier am Ort“, „Berichte über die Kriminalität und Sicherheit am Ort“, „Berichte über Umweltprobleme hier vor Ort“, „Berichte und Ratschläge zur Arbeitswelt, zu Arbeitslosigkeit und Arbeitsplatzsicherung hier am Ort“, „Verkehrsprobleme, Straßenbau, Verkehrsverbindungen“, „Aktuelles aus der Gemeinde und Stadtverwaltung, also z.B. Sitzungen, Vorhaben, Bekanntmachungen“, „Informationen zu Einkaufsmöglichkeiten und Sonderangeboten“.

Die *Bandbreite der Interessen* ging nicht in das Regressionsmodell ein. Diese Variable wurde wegen ihres hohen Beitrags zur *Multikollinearität* entfernt und „ersetzt" durch die spezifischen Interessen. Das ist bedauerlich, denn ich betrachte sie aufgrund theoretischer Überlegungen als sehr interessant und als relevant für die Fragmentierung (vgl. Kapitel 3.2), und sie hat sich in der bivariaten Analyse als signifikant erwiesen. Deshalb wird die Variable durch Regressionsanalysen „gerettet", indem die jeweils stark mit ihr korrelierenden Variablen aus dem Modell entfernt werden. Die folgende Tabelle faßt die Analysebefunde zusammen und präsentiert ein zweites Regressionsmodell zur Erklärung von Fragmentierung unter Berücksichtigung der Interessenbandbreite (Tabelle 10):

Tabelle 10: Determinanten der Fragmentierung (Modell für die Interessenbandbreite)

	partielle Korrelationskoeffizienten (mindestens +/- .10)[a)]
Interessen	
Bandbreite der Interessen	-.12
Interessenfragmentierung	.33
Haushaltsausstattung	
Videorekorder	-.11
Kabelanschluß	-.15
Satellitenempfang	-.10

R-Quadrat = .28; p < .001
N = 1.804
a) Wegen Multikollinearität ausgeschlossene Variable: Interesse an lokalen Themen

Die Tabelle weist dasselbe Bestimmtheitsmaß auf (R-Quadrat = .28) und präsentiert exakt die gleichen statistisch erheblichen Determinanten wie bereits das erste Modell (Tabelle 9), mit einer Ausnahme: die Bandbreite der Interessen ersetzt hier das Interesse an lokalen Themen. Beide Variablen stehen offensichtlich in einem engen Zusammenhang. Und die Interessenfragmentierung hat mit r = .33 einen etwas größeren Einfluß auf die Fragmentierung als im ersten Modell (dort: r = .29). Somit sind in der Tabelle 10 zwei eher quantitative Indikatoren der *Interessenstruktur* maßgeblich. Konkrete Interessenbereiche haben dann keinen statistisch erheblichen Einfluß mehr. Daneben zeigen sich auch hier die Indikatoren der Haushaltsausstattung wieder als einflußreich.

Der Kernbefund des Modells in Tabelle 10 zur „Rettung" der Interessenbandbreite als Determinante der Fragmentierung läßt sich folgendermaßen zusammenfassen: Je weniger Interessen man hat, desto größer ist der Fragmentierungsgrad. Damit wird der bivariate Zusammenhang zwischen der Interessenbandbreite und der Fragmentierung bestätigt.

Nur insgesamt jeweils fünf Merkmale sind in jedem Modell mit der Fragmentierung der Mediennutzung direkt verknüpft, so daß sie wenigstens ein Prozent der Fragmentierung erklären. Etliche Determinanten, die für die vorliegende Analyse als Indizes, Faktoren oder als Einzelvariablen eingebracht wurden, sind *nicht direkt* oder nur sehr schwach mit der Fragmentierung verknüpft, sobald sie sich der Konkurrenz anderer Determinanten stellen müssen:

- So spielen die Vielzahl an soziodemographischen Merkmalen und der soziale Kontext keine eigenständige Rolle für die Fragmentierung der Mediennutzung. Im Regressionsmodell stehen das Alter, das Geschlecht, das Einkommen oder die Berufstätigkeit in keinem statistisch erheblichen Zusammenhang mit der Fragmentierung. Selbst der Schulabschluß, der sich bivariat noch als signifikant herausgestellt hat, kann sich im Modell nicht durchsetzen.
- Auch die Empfangsgeräte spielen nicht alle eine Rolle. Laut der linearen Regression ist es unerheblich, wieviele Fernsehgeräte vorhanden sind, ob im Haushalt Pay-TV empfangen werden kann, ob ein Online-Anschluß vorhanden ist, das Fernsehgerät videotexttauglich ist oder eine Zeitung abonniert wird.
- Persönlichkeitsmerkmale und Mentalitäten wie zum Beispiel die lokale Verbundenheit, Expertentum oder die Einstellung zu medientechnischen Entwicklungen sind ebenfalls nicht direkt mit der Fragmentierung verknüpft.

- Der Selektivitätsgrad oder der Grad der Publikumsbeteiligung sind bedeutungslos für die Abweichung der Mediennutzung vom Durchschnitt.
- Auch die vielen Freizeitaktivitäten, die in Form von Indizes in das Modell eingingen, spielen keine direkte Rolle. Sie fördern die Fragmentierung nicht, verhindern sie aber auch nicht.

Alle diese nicht direkt mit der Fragmentierung verbundenen Merkmale konnten sich in der Regression nicht durchsetzen. Ziel dieser Analyse war es ja gerade, die unerheblichen Determinanten zu „unterdrücken". Trotzdem wäre es interessant zu wissen, welche Variablen sich hinter den statistisch erheblichen Determinanten im Modell verbergen. Möglicherweise sind diese verdeckten Variablen unspezifische Indikatoren für eine ganze Reihe von Merkmalen, die im Modell durch spezifischere Indikatoren wie zum Beispiel die Interessen oder die Haushaltsausstattung erfaßt werden. Daß die Determinanten untereinander nicht sehr stark zusammenhängen wurde ja bereits durch Kollinearitätskontrollen geprüft. Ein möglicher indirekter Zusammenhang fällt daher vermutlich nur sehr schwach aus.

In den folgenden Analysen wird vermuteten indirekten Effekten und sekundären Zusammenhängen nachgegangen, indem überprüft wird, mit welchen der übrigen 43 Determinanten die jeweilige statistisch erhebliche Variable zusammenhängt. Dadurch wird ermittelt, was also *indirekt* über die relevante Variable mit der Fragmentierung korrespondiert. Mit dieser Zusatzanalyse will ich kein Pfadmodell entwickeln, sondern lediglich mögliche indirekte Einflüsse auf die Fragmentierung überprüfen, um die statistisch erheblichen Determinanten besser beurteilen und interpretieren zu können. Dazu dienen wieder lineare Regressionen auf die berichteten Variablen mit jeweils allen anderen Determinanten der Analyse. Bei diesen sekundären Zusammenhängen werden nur noch starke Zusammenhänge gezeigt, indem nur diejenigen Variablen berichtet werden, die mindestens 2 Prozent der Schwankungen der unabhängigen Variable erklären; dies entspricht einem partiellen r von mindestens $\pm.15$. Die folgenden Tabellen fassen die Befunde dieser Regressionsanalysen zusammen. Zunächst werden die Determinanten für das Interesse an lokalen Themen vorgestellt, einer Variablen, die laut Tabelle 9 in einem negativen Zusammenhang mit der Fragmentierung steht (vgl. Tabelle 11).

Laut Tabelle 11 hängt das Interesse an lokalen Themen statistisch erheblich nur mit anderen Interessenvariablen zusammen. Die Variable Interessenfragmentierung setzt sich auch in der indirekten Analyse durch: Je größer das Interesse an lokalen Themen, desto geringer die Abweichung vom durchschnittlichen Interessenprofil. Lokale Orientierung scheint also das Interessenspektrum einzuschränken.[82]

Tabelle 11: Determinanten für das Interesse an lokalen Themen

	partielle Korrelationskoeffizienten (mindestens +/- .15)[a]
Interessen	
Wichtigkeit von lokalem Geschehen	.20
Interessenfragmentierung	-.17
Beruf	.16
Umwelt und Kultur	-.16

R-Quadrat = .37; p < .001
N = 1.804
a) Wegen Multikollinearität ausgeschlossene Variable: Bandbreite der Interessen

Weitere weniger starke Zusammenhänge: Befragte mit einem Interesse an lokalen Themen erachten es auch als wichtig, über das Geschehen und über Ereignisse vor Ort auf dem Laufenden zu sein, ein inhaltlich plausibler Zusammenhang. Befragte mit einem Interesse an lokalen Themen bekunden ebenfalls Interesse an beruflichen Themen (Informationen über Ausbildung und Beruf, Computerfragen und Weiterbildungsmöglichkeiten vor Ort). Für den Themenbereich Umwelt und Kultur (Gesundheit / Medizin, Kunst / Kultur und Umwelt / Natur) interessieren sich die lokal interessierten Befragten dagegen weniger.

82 Ob das Interessenspektrum jedoch dadurch gerade vorwiegend auf lokalen Themen beruht, läßt sich anhand der Variable nicht beantworten.

Die vier weiteren statistisch erheblichen Determinanten der Fragmentierung hängen nur mit wenigen Variablen zusammen. Deshalb werden sie im folgenden ohne Tabelle vorgestellt (in Klammern der Wert des partiellen Korrelationskoeffizienten von mindestens ± .15; auch bei diesen Analysen wurde die Variable „Bandbreite der Interessen“ wegen Verletzung der Multikollinearitätsprämisse aus der Analyse ausgeschlossen):

- Mit der Interessenfragmentierung, einer relativ stark fragmentierungsfördernden Eigenschaft, ist lediglich das Interesse an lokalen Themen statistisch erheblich verknüpft (r = .17). Dieser Zusammenhang wurde bereits oben deutlich und erläutert.
- Videorekorderbesitzer haben auch mit hoher Wahrscheinlichkeit Videotext (r = .26) und Kabelanschluß (r = .15) im Haushalt. Sie gehören seltener den über 60jährigen an (r = -.17).
- Ob jemand einen Satellitenanschluß besitzt, hängt erheblich nur mit dem Kabelanschluß zusammen (r = -.17), die beiden Fernsehempfangstechniken schließen sich praktisch aus.
- Und der Kabelanschluß korreliert positiv mit dem Videorekorderbesitz (r = .15) und tritt kaum mit dem Satellitenempfang gemeinsam auf (r = -.17).

Diese Zusatzanalysen bestätigen das Regressionsmodell (Tabelle 9), in dem die Interessen und die Empfangssituation im Haushalt bei der Fragmentierung der Mediennutzung die Hauptrolle spielen. Sie zeigen auch: Determinanten wie zum Beispiel Freizeitaktivitäten, Persönlichkeitsmerkmale oder der Nutzungsstil sind nicht einmal indirekt mit der Fragmentierung verknüpft. Lediglich eine Altersgruppe steht in einem indirekten Zusammenhang mit der Fragmentierung: die über 60jährigen. Dieser Effekt ist jedoch so schwach, daß ein direkter Einfluß auf die Fragmentierung durch soziodemographische Merkmale praktisch vernachlässigt werden kann.[83]

Insgesamt haben sich die Interessen und die Empfangsbedingungen im Haushalt wie ein roter Faden durch die hier vorgestellten Analysen

83 Der direkte Einfluß der Altergruppe der über 60jährigen auf die Fragmentierung errechnet sich durch Multiplikation des Koeffizienten für den indirekten Effekt (.17) mit dem Koeffizienten des direkten Effekts auf die Fragmentierung durch den Videorekorderbesitz (-.11) und ergibt damit r = -.02.

gezogen. Sie kristallisieren sich damit als zentrale Determinanten der Fragmentierung heraus.

Allerdings basiert die Interpretation des Zusammenhangs in den Regressionsanalysen zwischen den Determinanten und der Fragmentierung auf einer Plausibilitätsebene. Denn die Determinanten und die Mediennutzung wurden in KomRegio getrennt voneinander erhoben sie sind im Fragebogen nicht verknüpft, indem etwa die eine mit der anderen Frage gemeinsam abgefragt würde. Ein Beispiel: Das Interesse am lokalen Geschehen und die Fragmentierung stehen in einem negativen Zusammenhang. Ob aber die Befragten gerade dann besonders wenig fragmentiert sind, wenn sie Medien zur Information über lokales Geschehen nutzen, bleibt Spekulationen überlassen. Hier hat KomRegio nun den Vorteil, daß es im Fragebogen eine Frage zur *Verknüpfung* von vielfältigen kommunikativen Interessen und Themen sowie der entsprechenden Nutzung von Medien gibt. Im Ergebnis läßt sich daraus die themengebundene Mediennutzung ermitteln und dafür jeweils auch der Fragmentierungsgrad berechnen. Gleichzeitig werden damit Interessengruppen in die Betrachtung der Fragmentierung einbezogen, wie das folgende Kapitel zeigen wird.

5.4 Fragmentierung von Interessengruppen

Während es in den bisherigen Analysen um die Fragmentierung der Mediennutzung im *Gesamtpublikum* ging, widmet sich dieses Kapitel dem Fragmentierungsausmaß in *Publikumssegmenten,* die sich durch ein *gemeinsames Interesse* konstituieren und gezielt Medien dafür nutzen. Es geht erstens um die Frage, wie groß die Fragmentierung der Mediennutzung in bestimmten Interessengruppen ist und zweitens darum, welche Determinanten einen Einfluß auf den Fragmentierungsgrad der einzelnen Interessengruppen ausüben.

Durch folgende zweistufige Vorgehensweise bei der Erhebung der Daten ergibt sich die Möglichkeit, diese Fragen zu beantworten:[84]

84 Die methodischen Details werden hier erläutert und nicht in den Anhang verschoben, weil ich sie als Hintergrundinformation zur Beurteilung der folgenden Befunde als wichtig erachte.

1. Bei jedem in KomRegio erhobenen lokalen (11) und globalen (13) Interessengebiet können sich nur diejenigen zu ihrer Mediennutzung äußern, die sich auch für das Thema interessieren. Dazu müssen sie auf der Interessenskala von 1 bis 6 die Skalenpunkte 4, 5 oder 6 angeben.
2. Für jedes so ermittelte Interessengebiet werden die Befragten anschließend gebeten, bis zu drei Medien zu nennen, in denen sie sich gezielt darüber informieren. Dabei können die Befragten jedoch nur unter denjenigen Medienangeboten auswählen, die sie wenigstens einmal im Monat nutzen. Diese Information wurde in der vorangehenden Frage zur Nutzung der Medienangebote erhoben.

Um abzubilden, inwiefern die Mediennutzung innerhalb dieser Interessengruppen fragmentiert ist, habe ich einen Index entwickelt, der in seinen Grundannahmen dem bisher verwendeten Fragmentierungsindex entspricht. Auch er mißt den Abstand des einzelnen Nutzers vom durchschnittlichen Mediennutzungsprofil der gesamten Interessengruppe. Allerdings unterscheidet er sich in seiner Berechnung maßgeblich vom Fragmentierungsindex in der Gesamtpopulation und ist daher nicht mit diesem vergleichbar. Während die Berechnung des bisher verwendeten Fragmentierungsindex auf unterschiedlichen Intensitäten der Mediennutzung basiert, liegt dem themengebundenen Index die Nennung von bis zu drei Medien zugrunde. Die individuelle Abweichung des einzelnen vom durchschnittlichen Mediennutzungsprofil der Interessengruppe wird zweifach differenziert abgebildet: durch die Anzahl (bis maximal 3 Medien) und durch die Art der genutzten Medien (15 verschiedene Medienangebote). Der Index ist ein für jede Person individueller Wert, der den Abstand zur Mediennutzung der gesamten Interessengruppe ausdrückt und angibt, inwiefern man sich in der Wahl seiner Medien von den anderen Interessenten der Gruppe unterscheidet.

Bei den folgenden Darstellungen geht es also um interessenhomogene Gruppen, deren Mitglieder alle dasselbe Ziel verfolgen: sich Informationen über das jeweilige Interessengebiet zu verschaffen. Inwiefern sich die Gruppenmitglieder in ihrer Mediennutzung hierbei unterscheiden, welche Interessengruppen intern weniger und welche mehr differieren, zeigen die folgenden zwei Tabellen für alle 11 lokalen und 13 globalen Interessen. Dort wird für jede Interessengruppe der durchschnittliche Fragmentierungsgrad vorgestellt und zwar sortiert, beginnend mit dem größten Wert (vgl. Tabellen 12 und 13).

In den Tabellen 12 und 13 ist in der mittleren Spalte (n) für jede Interessengruppe die Anzahl der Personen und der Anteil an der Gesamtpopulation angegeben. Bereits diese Zahlen weisen auf Interessengebiete hin, die fast alle oder auch nur eine Minderheit der Befragten interessieren.

Tabelle 12: Fragmentierungsgrad in Interessengruppen (globale Interessen)

Globale Interessen	*n* (% der Gesamtpopulation)*		*Fragmentierungsgrad*
Kunst und Kultur	409	(23%)	8,1
Ausbildung und Beruf	591	(33%)	7,9
Sport	855	(47%)	7,8
Gesundheit und Medizin	1218	(68%)	7,4
Urlaub und Reisen	981	(55%)	7,3
Umwelt und Natur	945	(52%)	7,1
Politik	963	(54%)	7,0
Wirtschaft	727	(40%)	6,2
Prominente u. ihre Schicksale	705	(39%)	5,9
Geldanlagen und Finanzen	642	(36%)	5,9
Liebe und Partnerschaft	606	(34%)	5,5
Wohnen und Einrichten	647	(36%)	5,5
PC und Computer	326	(18%)	4,0

* Durch Rundungsverfahren kann es in der Tabelle trotz unterschiedlicher Fallzahlen zu gleichenAnteilswerten an der Gesamtpopulation kommen.
N = 1.804

Zu den Minderheiteninteressen gehören auf *globaler Ebene* in Tabelle 12 zum Beispiel das Thema Computer, für das sich nur 18 Prozent der Gesamtpopulation interessieren und das Thema Kunst und Kultur

(23%). Großen Zuspruch findet dagegen das Thema Gesundheit und Medizin (68%). Aber auch Urlaub und Reisen (55%), Politik (54%) und Umwelt und Natur (52%) stoßen auf das Interesse von mehr als der Hälfte der Befragten.

Tabelle 13: Fragmentierungsgrad in Interessengruppen (lokale Interessen)

Lokale Interessen (in gekürztem Wortlaut)	*n* (% der Gesamtpopulation)*		*Fragmentierungsgrad*
Arbeitswelt vor Ort	825	(46%)	5,6
Lokalsport	764	(43%)	5,1
Kriminalität und Sicherheit	1147	(64%)	4,4
Umweltprobleme vor Ort	996	(56%)	4,3
Verkehr und Straße	764	(43%)	4,2
Unglücke und Schicksale	1136	(64%)	3,9
Lokale Freizeitgestaltung	1244	(69%)	3,8
Vereinsaktivitäten	774	(43%)	3,8
Gemeinde, Stadtverwaltung	954	(53%)	3,7
Einkaufen und Angebote	1266	(71%)	3,4
Berufl. Weiterbildung vor Ort	433	(24%)	3,1

* Durch Rundungsverfahren kann es in der Tabelle trotz unterschiedlicher Fallzahlen zu gleichen Anteilswerten an der Gesamtpopulation kommen.
N = 1.804

Das Interesse für Themen und Ereignisse, die direkt vor Ort geschehen (vgl. Tabelle 13), ist durchweg größer als für global abgefragte Interessengebiete. Besonders gefragt sind Informationen über Einkaufsmöglichkeiten und Sonderangebote vor Ort (71%) und Informationen über Freizeitmöglichkeiten vor Ort (69%). Ein Themenbereich mit geringem Interessenpotential ist auf *lokaler Ebene* dagegen die Berufliche Weiterbildung vor Ort, für die sich laut KomRegio nur ein Viertel der Befragten interessieren. Das vergleichbare Thema stößt auch im globalen Bereich auf eher geringes Interesse: Dort interessiert Ausbildung und Beruf nur 33% der Befragten.

Wie sieht nun die Fragmentierung der Mediennutzung in den verschiedenen Interessengebieten aus? Auffällig ist bei einem Vergleich der beiden Tabellen 12 und 13 zunächst, daß die Befragten bei der Informationssuche zu lokalen Themen wesentlich weniger fragmentiert sind als bei globalen Themen. Im Lokalen ist die Fragmentierung nach diesen Befunden viel geringer. Unterschiede finden sich auch in der Schwankungsbreite des Fragmentierungsindex bei den lokalen und globalen Interessen: Der Fragmentierungsgrad liegt bei globalen Interessen zwischen 8,1 und 4,0, während die Schwankungen auf lokaler Ebene nur zwischen 5,6 und 3,1 beträgt. Bei lokalen Interessen differiert der Fragmentierungsgrad weniger.

Betrachtet man nun die Tabellen mit den globalen und lokalen Interessengruppen hinsichtlich ihres Fragmentierungsgrades getrennt voneinander und wendet sich zuerst der Tabelle 12 zu, so fällt unter den globalen Interessengebieten das Thema PC und Computerfragen auf (in Klammern steht jeweils der Fragmentierungsgrad): Diese Interessengruppe ist am kleinsten und am wenigsten fragmentiert (4,0). Hier liegt offenbar ein eher homogenes Informationsverhalten vor. Der Befund führt unweigerlich zu der Frage, ob die Größe der Interessengruppe generell mit dem Fragmentierungsgrad zusammenhängt. Dieser Frage kann widersprochen werden, indem man die Größe der Interessengruppen in Zusammenhang mit ihrem Fragmentierungsgrad betrachtet. Es fällt auf, daß die Gruppe der Kunst- und Kultur-Interessierten zwar ebenfalls wenige Befragte umfaßt, daß deren Fragmentierungsgrad jedoch doppelt so groß ist (8,1) wie der der Interessengruppe PC und Computerfragen.

Betrachtet man die Interessengruppen auf lokaler Ebene in Tabelle 13, dann unterscheiden sich die Befragten am wenigsten in ihrer Mediennutzung, wenn sie sich über berufliche Weiterbildungsmöglichkeiten vor Ort informieren (3,1). Wieder handelt es sich um die kleinste Interessengruppe, die sich dem Durchschnitt am stärksten anpaßt, wobei auch hier kein systematischer Zusammenhang zwischen Gruppengröße und Fragmentierungsgrad erkennbar ist, wenn man das Thema Einkaufsmöglichkeiten und Sonderangebote betrachtet (Reichweite: 71%; Fragmentierungsgrad: 3,4). Die größten Unterschiede in der Mediennutzung gibt es dagegen, wenn sich die Befragten über Berichte und Ratschläge zur Arbeitswelt, zu Arbeitslosigkeit und Arbeitsplatzsicherung vor Ort informieren (5,6). Ähnlich fragmentiert ist das Medienverhalten der Befragten, wenn sie sich über Lokalsport informieren (5,1). Wodurch lassen sich die Unterschiede zwischen dem Fragmentierungsgrad von globalen und lokalen Interessen erklären? Die unspezifische Abfrage und die vorliegende Medienangebotssituation könnten möglicherweise dafür verantwortlich sein. Die globalen Interessenbereiche sind in KomRegio relativ unspezifisch erhoben worden. So kann der Befragte beim Thema Politik sowohl an Welt-, Außen-, Innen oder auch Lokalpolitik denken und sich darüber sowohl in bundesweit verbreiteten als auch in lokalen Medien informieren. Lokale Interessenbereiche sind hingegen bereits in ihrem Wortlaut speziell auf das Geschehen vor Ort bezogen und können daher zwangsläufig nur durch das lokale Medienangebot abgedeckt werden. Während also bei globalen Themen die Möglichkeit, aus einem großen Angebot auszuwählen, vermutlich die Wahrscheinlichkeit verringert, daß auf die gleichen Medien zugegriffen wird, ist die Mediennutzung für lokale Interessen per se auf ein kleineres Angebot und dadurch eher gemeinsame Informationsquellen begrenzt. Diese Vermutung würde in ihrer Konsequenz bedeuten, daß das vorhandene Medienspektrum für globale Interessen auch breit und vielfältig genutzt wird und sich die Mehrheit der Befragten nicht auf einen kleinen Standard-Ausschnitt daraus oder genau dieselben Angebote konzentriert.

Anstatt an dieser Stelle weiter darüber zu spekulieren, mit welchen Determinanten des Medienangebots der jeweilige Fragmentierungsgrad erklärt oder wodurch er verursacht sein könnte, werde ich nachfolgend untersuchen, mit welchen *Eigenschaften der Interessengruppen* der Fragmentierungsgrad jeweils zusammenhängt. Welche Determinanten tragen also in den verschiedenen Interessengruppen zur Fragmentierung bei? Und unterscheiden sich die Interessengebiete in ihren Einflußfaktoren auf die Fragmentierung? Lassen sich typische Zusammenhänge zwischen Themen und Determinanten erkennen?

Diese Fragen werden erneut auf Basis von Regressionsanalysen beantwortet.[85] Die abhängige Variable ist der Fragmentierungsgrad der jeweiligen Interessengruppe. Die Determinanten fungieren als unabhän-

85 Vgl. für die technischen Parameter Kapitel 5.3.

gige Variablen.[86] Das Determinantenset umfaßt dabei die bereits vorgestellten Variablen mit Ausnahme des Interessenfaktors, der das jeweilige Interessengebiet beinhaltet. 43 Determinanten gehen damit in die Analyse ein. Die Analysen werden nur für diejenigen Themengebiete durchgeführt, die eine dafür hinreichende Fallzahl aufweisen, die ich auf mindestens 500 Befragte festgelegt habe. Die Interessenbereiche Kunst und Kultur, PC, Computer und Computerfragen sowie das lokale Interessenfeld Weiterbildungsmöglichkeiten vor Ort können nach diesem Kriterium nicht berücksichtigt werden. Dadurch verbleiben 11 globale und 10 lokale Interessenbereiche und -gruppen, und für jede Gruppe werden jeweils die Determinanten der Fragmentierung ermittelt.

Die Befunde der Regressionsanalysen über diese 21 Interessengruppen werden nun getrennt nach den globalen und anschließend den lokalen Interessengruppen vorgestellt. Dafür fasse ich zuerst die übergreifenden Strukturen und Zusammenhänge über alle Interessengruppen zusammen und veranschauliche diese zentralen Analyseergebnisse anhand einzelner ausgewählter Tabellen für bestimmte Interessengebiete. Alle Tabellen über die Regressionsbefunde der im folgenden nicht aufgeführten Interessengruppen finden sich kommentiert im Anhang 2 dieser Arbeit. Zum Abschluß des Kapitels folgt dann ein für alle Interessengruppen gemeinsames Fazit.

Determinanten der Fragmentierung: Globale Interessenbereiche und Interessengruppen

Insgesamt ergibt sich ein vielfältiges Determinantenspektrum bei der themengebundenen Mediennutzung. Allerdings sind pro Interessengruppe meist nur zwei oder drei Determinanten des ursprünglichen Sets aus 43 möglichen Einflußfaktoren statistisch erheblich.[87] Dies zeigt sich

86 Bei den Analysen und der anschließenden Beschreibung der Befunde wird diese Kausalitätsrichtung zunächst einmal vorausgesetzt, daher wird auch von „Einfluß" und „Wirkung" auf den Fragmentierungsgrad die Rede sein. In einem späteren Kapitel wird das Thema Kausalität dann gesondert aufgegriffen und die mögliche Richtung der einzelnen Determinanten diskutiert.

87 Bei allen Analysen für die 11 *globalen Interessenbereiche* wurde jeweils die Variable „ Bandbreite der Interessen" entfernt, weil sie die Multikollinearitätsprämisse verletzt. Beläßt man die Bandbreite der Interessen in der Analyse und nimmt dafür die mit ihr am stärksten korrelierende(n) Variable(n) heraus (es handelt sich hierbei im-

auch am kleinen Bestimmtheitsmaß: R-Quadrat liegt bei den globalen Interessengruppen zwischen .09 und .18. Das *Tageszeitungsabonnement* kristallisiert sich als die zentrale Determinante heraus. In 6 von 11 globalen Themenbereichen mindert der Besitz einer Tageszeitung im Haushalt die Fragmentierung; dies ist der Fall bei den Interessengruppen Politik, Sport, Wirtschaft, Gesundheit und Medizin, Liebe und Partnerschaft sowie Wohnen und Einrichten. Fragmentierungsmindernd ist auch die *lokale/regionale Verbundenheit* (Interessengruppe Geldanlagen und Finanzen), eine niedrige Schulbildung (Urlaub und Reisen), die Einstellung, anders zu sein, als die anderen (Politik, Ausbildung und Beruf) und ein eher niedriges Einkommen (Wohnen und Einrichten). Und in der Interessengruppe Gesundheit und Medizin sind Frauen weniger fragmentiert als Männer. Wie diese zusammengefaßten Befunde im einzelnen aussehen, wird in den Tabellen 14, 15 und 16 für drei Interessengruppen dargestellt.

Tabelle 14: Determinanten der Fragmentierung, Interessengruppe Wirtschaft

partielle Korrelationskoeffizienten (mindestens +/- .10)	
Interessen	
Lebensfragen	.14
Haushaltsausstattung	
Zeitungsabonnement	-.13

R-Quadrat = .15; p < .001
n = 727

mer um Interessen), so setzen sich exakt dieselben Determinanten im Modell durch. Die Bandbreite der Interessen kann sich dagegen in keinem Modell als statistisch erheblich durchsetzen.

Die Determinanten beim Thema *Wirtschaft* üben zusammengenommen einen relativ starken Einfluß auf die Fragmentierung aus (R-Quadrat = .15). Die Fragmentierung bei diesem Thema wird dabei von zwei Determinanten bestimmt (Tabelle 14): dem Interesse und der Haushaltsausstattung. Das Interesse am Themenbereich Lebensfragen (Liebe und Partnerschaft, Wohnen und Einrichten, Urlaub und Reisen, Prominente und ihre Schicksale) fördert die Fragmentierung in wirtschaftlichen Themen, das Zeitungsabonnement mindert sie.

Das Fragmentierungsausmaß in der Gruppe derjenigen Befragten aus KomRegio, die sich für das Thema *Wohnen und Einrichten* interessieren und sich darüber informieren, wird ebenfalls durch Interessenvariablen und das Zeitungsabonnement beeinflußt (vgl. Tabelle 15).

Tabelle 15: Determinanten der Fragmentierung, Interessengruppe Wohnen und Einrichten

partielle Korrelationskoeffizienten (mindestens +/- .10)	
Soziodemographie	
Einkommen	-.11
Interessen	
Beruf	.11
Umwelt und Kultur	.11
Freizeit	.10
Haushaltsausstattung	
Zeitungsabonnement	-.10

R-Quadrat = .14; p < .001
n = 647

Wieder mindert der Zeitungsbesitz im Haushalt die Fragmentierung bei der Mediennutzung zu diesem Thema. Dahingegen fördert das Interesse am Thema Beruf, am Thema Freizeit (Sport, örtliche Vereine aller Art stellen sich vor, Vereinsaktivitäten, Tips für die Freizeitgestaltung hier am Ort, lokale Sportveranstaltungen und Sportangebote) und am Thema Umwelt und Kultur (Gesundheit und Medizin, Kunst und Kultur, Umwelt, Natur) die Fragmentierung. Eine dritte Determinantenart tritt hier im Zusammenhang mit der Fragmentierung auf: das *Einkommen* als Indikator der Soziodemographie. Der Zusammenhang besagt: Je geringer das Haushaltseinkommen, desto geringer der Fragmentierungsgrad bei der Mediennutzung zum Thema Wohnen und Einrichten.

Auch beim Thema *Politik* üben die Determinanten zusammengenommen einen im Vergleich zu anderen Themenbereichen starken Einfluß auf die Fragmentierung aus (R-Quadrat = .17). Zwei Determinanten hängen mit der Fragmentierung der Informationssuche zum Thema Politik direkt zusammen (Tabelle 16): das Zeitungsabonnement, das die Fragmentierung mindert und die Einstellung, bewußt anders sein zu wollen als andere (Anpassungsverhalten), die den Fragmentierungsgrad verstärkt. Hier spielen also weder Interessen noch soziodemographische Variablen eine Rolle für die Fragmentierung. Die Zeitung im Haushalt übt hier den Haupteinfluß darauf aus, daß man in seiner politikbezogenen Mediennutzung nicht zu sehr voneinander abweicht.

Tabelle 16: Determinanten der Fragmentierung, Interessengruppe Politik

partielle Korrelationskoeffizienten (mindestens +/- .10)	
Werte, Mentalität, Einstellungen	
Anpassungsverhalten	.11
Haushaltsausstattung	
Zeitungsabonnement	-.15

R-Quadrat = .17; p < .001
n = 963

Soweit die Befunde für die globalen Interessengruppen in ihrer Zusammenfassung und anhand einzelner Tabellen verdeutlicht (vgl. Anhang 2). Das vielfältige Determinantenspektrum der globalen Interessengruppen wird durch die *lokalen Interessengruppen* bestätigt und erweitert.

Determinanten der Fragmentierung: Lokale Interessenbereiche und Interessengruppen

Auch bei den lokalen Interessen ist das Bestimmtheitsmaß R-Quadrat relativ niedrig und liegt zwischen .07 und .18. Und auch hier spielt unter allen Determinanten die Tageszeitung eine Hauptrolle für den Abbau von Fragmentierungstendenzen. Dies ist in 6 von 10 Interessengruppen der Fall (Gemeindeangelegenheiten, Lokalsport, Kriminalität, Umweltprobleme, Unglücke, Arbeitswelt). Dabei lassen sich insgesamt keine typischen Strukturen zwischen dem Tageszeitungsabonnement und seinem Einfluß auf bestimmte Interessen- und Themenbereiche erkennen. Da bei allen lokalen Themen angenommen werden kann, daß die Tageszeitung hierfür als Informationsmedium besonders relevant ist, müßte sich die Tageszeitung immer als Determinante durchsetzen. Dem widersprechen aber die regressionsanalytischen Befunde.

In die gerechneten Regressionsanalysen gingen jeweils alle 43 Determinanten ein, es mußte keine Variable wegen Überschreitung der Multikollinearitätsschwelle oder anderer statistischer Kriterien entfernt werden. Die folgenden Tabellen verdeutlichen die obige Zusammenfassung der Befunde exemplarisch.

Bei der Informationssuche zum Thema *Gemeinde und Stadtverwaltung* hängen vielfältige Determinanten mit der Fragmentierung zusammen, dementsprechend relativ hoch ist auch das Bestimmtheitsmaß mit .18 (Tabelle 17): Der fragmentierungsmindernde Einfluß der Tageszeitung im Haushalt ist bereits bekannt, ebenso der positive Zusammenhang mit der Einstellung, bewußt anders zu sein als andere (Anpassungsverhalten). Auch die Interessen spielen als Determinanten wieder eine wichtige Rolle: das Interesse an Lebensfragen (Liebe und Partnerschaft, Wohnen und Einrichten, Urlaub und Reisen, Prominente und ihre Schicksale) fördert die Fragmentierung in diesem Themenbereich, die Relevanz des Geschehens in Deutschland dagegen mindert sie. Tabelle 17 zeigt auch: Sind die Befragten in ihrer Freizeit im Verein oder der Kirche engagiert, unterscheiden sie sich eher in ihrer Mediennutzung über Gemeindeangelegenheiten.[88] Diesen Effekt hat auch die wenig selektive, eher spontane, zufallsgesteuerte Mediennutzung.

Tabelle 17: Determinanten der Fragmentierung, Interessengruppe Gemeindeangelegenheiten[89]

partielle Korrelationskoeffizienten (mindestens +/- .10)	
Werte, Mentalität, Einstellungen	
Anpassungsverhalten	.10
Interessen	
Lebensfragen	.10
Wichtigkeit des Geschehens in Deutschland	-.12
Selektivitätsgrad	
Typ Zufall (wenig selektiv)	.12
Haushaltsausstattung	
Zeitungsabonnement	-.11
Freizeitaktivitäten	
Engagement	.15

R-Quadrat = .18; p < .001
n = 954

88 Hier hätte man auch einen negativen Zusammenhang erwarten können, denn Organisationen wie Vereinen oder der Kirche wird in der Fragmentierungsdebatte eine Integrationsfunktion zugeschrieben (Jarren, 2000, S. 33). Gerade deshalb wäre es denkbar gewesen, daß diese Art der Freizeitbeschäftigungen die „Gemeinsamkeit" fördert und sich dies auch auf die Mediennutzung übertragen könnte.

89 Der Themenbereich heißt: „Aktuelles aus der Gemeinde und Stadtverwaltung, also z.B. Sitzungen, Vorhaben, Bekanntmachungen".

Ein vielfältiges Determinantenspektrum verbindet sich auch mit der Mediennutzung zum Thema rund um die *Arbeitswelt* (Tabelle 18).

Tabelle 18: Determinanten der Fragmentierung, Interessengruppe Arbeitswelt[90]

partielle Korrelationskoeffizienten (mindestens +/- .10)	
Soziodemographie	
Schulabschluß	-.13
Interessen	
Freizeit	.11
Beruf	.10
Haushaltsausstattung	
Zeitungsabonnement	-.13
Freizeitaktivitäten	
Action	-.12

R-Quadrat = .11; p < .001
n = 825

Das Tageszeitungsabonnement und ein eher niedriger Schulabschluß haben hierbei den größten Einfluß, beide mindern das Fragmentierungspotential bei Befragten in dieser Gruppe. Derselbe hemmende Zusammenhang besteht beim Freizeitverhalten, das ich mit dem Begriff Action zusammgefaßt habe (in die Disco / ins Tanzlokal gehen, Video- oder

90 Der Themenbereich heißt: „Berichte und Ratschläge zur Arbeitswelt, zu Arbeitslosigkeit und Arbeitsplatzsicherung hier am Ort".

Computerspiele machen, Pop-/Rock-/Jazzkonzerte / Kleinkunstveranstaltungen besuchen, Sport / Fitness betreiben, etwas für die Bildung tun, zum Beispiel Weiterbildungskurse besuchen, Schallplatte, Kassette, CD hören). Dagegen fördert das Interesse an Freizeit- und Berufsthemen den Fragmentierungsgrad derjenigen, die sich zum Thema Arbeitswelt informieren.

Fazit: Determinanten der Fragmentierung bei den Interessengruppen

Insgesamt ist der Erklärungsbeitrag der Determinanten zusammengenommen bei *allen Interessenbereichen* als eher gering zu bezeichnen: R-Quadrat liegt je nach Gruppe zwischen .07 und .18. Offensichtlich können die Determinanten alle zusammen die Fragmentierung in den Interessengruppen schlechter erklären als in der Gesamtbevölkerung (vgl. Kapitel 3.4). Und sechs statistisch erhebliche Determinanten sind das Maxiumum bei den Interessengruppen; meist handelt es sich eher um zwei oder drei Determinanten, die im Zusammenhang mit dem Fragmentierungsgrad stehen. Zwischen den globalen und den lokalen Interessen lassen sich hinsichtlich der Determinanten keine systematischen Unterschiede erkennen.

Die Determinanten der gesamten themengebundenen Mediennutzung bestätigen zunächst einmal die Zusammenhänge, die bereits aus der Gesamtpopulation und der dort nicht themengebundenen Mediennutzung bekannt sind: die Interessen und die Empfangssituation in den Haushalten spielen auch bei vielen der Themen eine Hauptrolle für die Fragmentierung. Über diese beiden Determinantenbündel hinaus ist bei den hier vorgestellten Interessengruppen ein breites Spektrum an vielfältigen Determinanten relevant. Dabei lassen sich folgende systematische Strukturen erkennen:

Die zentrale Determinante der Fragmentierung ist das *Abonnement einer Tageszeitung im Haushalt.* Für eine Vielzahl von Interessensegmenten in KomRegio mindert die Verfügbarkeit der Tageszeitung das Fragmentierungspotential.

Eine Vielzahl von themenspezifischen *Interessen* spielen bei der Fragmentierung der meisten Interessengruppen eine Rolle.[91] Auffällig dabei ist, daß alle diese Interessen positiv mit der Fragmentierung zusammenhängen, d.h. daß Interessen jeglicher Art die Fragmentierung fördern. Die Ausnahme: Die lokale Verbundenheit und Integration mindert das Fragmentierungspotential, zumindest bei der Informationsbeschaffung für das Thema Geld und Finanzen.

Bei den Interessengruppen spielen im Gegensatz zur Fragmentierung in der Gesamtpopulation erstmals auch das *soziale Umfeld* und *soziodemographische Merkmale* des Publikums eine Rolle, und zwar immer in einem negativen Zusammenhang mit der Fragmentierung: Befragte neigen in ihrer Mediennutzung weniger zur Abweichung von der Interessengruppe (in Klammern jeweils die entsprechende Interessengruppe), wenn

- nur wenige Personen in ihrem Haushalt leben (lokale Freizeitaktivitäten),
- es Frauen sind (Gesundheit und Medizin),
- sie ein niedriges Einkommen haben (Wohnen und Einrichten, Geldanlage und Finanzen),
- sie einen niedrigen Schulabschluß haben (Urlaub und Reisen, Umweltprobleme vor Ort, lokale Arbeitswelt),
- sie zwischen 14 bis 25 Jahren jung sind (Vereinsangelegenheiten).

Neben der Soziodemographie üben bestimmte *Einstellungen und Mentalitäten* in einigen Gruppen einen Einfluß auf die Fragmentierung aus. Die Einstellung, bewußt anders zu sein als die anderen und die Angst vor neuen Medienentwicklungen fördern beide die Fragmentierung in einigen Themenbereichen.

Und schließlich spielen in einigen Gruppen auch *Freizeitaktivitäten* eine Rolle bei der Fragmentierung. Befragte, die in ihrer Freizeit kulturellen Aktivitäten nachgehen oder sich in Verein und Kirche engagieren, unterscheiden sich in den entsprechenden Themenbereichen in ihrer Mediennutzung von den anderen der Interessengruppe. Der Aktivitäten-

91 Nicht gemeint sind hier die Determinanten „Wichtigkeit des Geschehens" in verschiedenen räumlichen Dimensionen. Bei diesen Variablen ist keine einheitliche Struktur für die Fragmentierung zu erkennen.

bereich Action hingegen steht in einem negativen Zusammenhang mit der Fragmentierung, wenigstens beim Thema lokale Arbeitswelt.

In zwei Interessengruppen ist der *Selektivitätsgrad* eine Determinante der Fragmentierung: Während die spontane, zufällige Mediennutzung die Fragmentierung in den jeweiligen Interessengruppen fördert, wird sie durch ein bewußt selektives Medienverhalten eher gemindert. Offenbar führt eine gezielte und überlegte Nutzung bestimmter Angebote dazu, sich in seiner Mediennutzung der Mehrheit anzugleichen. Dieser Zusammenhang widerspricht Annahmen der Literatur, wonach gerade die Angebotsexpansion dem Zuschauer mehr Selektivität erlaubt, die dann offensichtlich zur Fragmentierung und zu abweichendem Mediennutzungsverhalten führen soll (Holtz-Bacha & Peiser, 1999, S. 41).

5.5 Zusammenfassung und Diskussion der Ergebnisse

Der *Fragmentierungsindex* ist die Grundlage aller errechneten Befunde. Er ist als individuelles Abstandsmaß definiert, d.h. sein Wert drückt den Abstand des Mediennutzungsprofils einer Person zum durchschnittlichen Profil der anderen Mediennutzer aus. Mit diesem Maß ließ sich belegen und grafisch veranschaulichen, daß sich die Befragten der Studie KomRegio in ihrer Nutzung von 15 Medienangeboten relativ deutlich voneinander unterscheiden und damit nach der Definition dieser Arbeit fragmentiert sind. Das heißt: Es gibt im befragten Publikum praktisch kein homogenes Mediennutzungsverhalten.

Zentrale Determinanten der Fragmentierung

Von rund 44 überprüften Merkmalen des Publikums und des Medienangebots bestimmen letzlich nur sechs, wie stark die befragten Personen in ihrer Mediennutzung fragmentiert sind.[92] Diese beeinflussen direkt und statistisch zumindest einigermaßen erheblich den Fragmentierungsgrad. Die *Interessen* sind die zentralen Einflußgrößen für die Fragmentierung

92 Strenggenommen handelt es sich nur um fünf statistisch erhebliche Determinanten der Fragmentierung. Durch eine Zusatzanalyse wurde jedoch die Interessenbandbreite anstatt des Interesses an lokalen Themen in der Analyse beibehalten, denn sie zeigte einen statistisch erheblichen Zusammenhang. Sie wird deshalb ebenfalls als zentral für die Fragmentierung betrachtet (vgl. Kapitel 5.3).

der Mediennutzung. Dabei ist die *Interessenfragmentierung* der stärkste Einflußfaktor. Der positive Zusammenhang besagt: Je stärker die Befragten in ihren Interessen von den anderen Befragten abweichen, indem sie sich etwa für manche Themen mehr, für andere weniger interessieren, desto stärker zeigen sie sich auch in ihrer Mediennutzung fragmentiert. Neben der Interessenfragmentierung steht auch die *Vielfalt und Bandbreite der Interessen* in statistisch erheblichem Zusammenhang mit der Fragmentierung und zeigt: Je weniger Interessen eine Person besitzt, desto größer ist ihr Fragmentierungsgrad, und je größer und vielfälter das Interessenspektrum einer Person ausfällt, desto weniger ist sie fragmentiert. Damit weichen Befragte mit einem Interesse an nur wenigen Themen in ihrer Mediennutzung stärker von anderen ab als Befragte, die sich für viele Themen interessieren und damit vermutlich auch viele thematische Anknüpfungspunkte mit anderen haben.

Von den sechs untersuchten Interessenbündeln ist nur das *Interesse an lokalen Themen* statistisch relevant und stellt damit die dritte zentrale Determinante für die Fragmentierung dar. Befragte, die sich für Ereignisse und das Geschehen vor Ort interessieren sind weniger fragmentiert und unterscheiden sich damit weniger in ihrer Mediennutzung von den anderen. Dieser negative Zusammenhang wird durch einen weiteren Befund untermauert und gestützt, bei dem das Interesse direkt mit den dafür genutzten Medien verknüpft wurde: Differenziert man nämlich nach lokalen und globalen Interessen, zu denen jeweils Medien genutzt werden, so ist der Fragmentierungsgrad bei den lokalen Interessen insgesamt viel geringer als bei globalen. Wie kann es erklärt werden, daß der Fragmentierungsgrad sinkt, sobald es um lokales Geschehen geht? Offensichtlich einigt das Interesse am lokalen Geschehen die Befragten in ihrer Mediennutzung. Wer sich für lokales Geschehen interessiert, ist vermutlich enger mit seinem Umfeld verbunden und paßt sich in seinem Verhalten möglicherweise eher an die anderen an.[93]

---

93 Diese Vermutung kann durch einen weiteren Befund statistisch gestützt werden: Die Determinante „Lokale Verbundenheit und Integration" steht ebenfalls in einem negativen Zusammenhang mit der Fragmentierung, allerdings nur bei der themengebundenen Mediennutzung (Thema: Geldanlagen und Finanzen). Dort heißt es: Je eher sich die Befragten mit der Region und der Umgebung verbunden fühlen, desto weniger unterscheiden sie sich in ihrer Mediennutzung zum Thema Geld und Finanzen.

Neben den drei Interessenvariablen gibt es einen zweiten zentralen Determinantenblock der Fragmentierung, bestehend aus drei Einzelvariablen: der *Besitz von Empfangsmöglichkeiten im Haushalt.* Sind ein Videorekorder oder ein Kabelanschluß bzw. eine Satellitenanlage im Haushalt vorhanden, so tendieren die Befragten weniger dazu, sich in ihrer Mediennutzung von den anderen zu unterscheiden. Ein überdurchschnittlicher Besitz von Geräten, die ein Mehr an Fernsehangeboten ermöglichen, mindert also die Abweichung von der durchschnittlichen Mediennutzung. Dieser negative Zusammenhang ist nicht eindeutig erklärbar. Denn ob die im Haushalt vorhandenen Kommunikationsgeräte auch tatsächlich genutzt und wie sie letztlich eingesetzt werden, kann anhand der Determinanten nicht beantworten werden. Immerhin widerspricht der negative Zusammenhang vielen Annahmen der Literatur, die davon ausgehen, daß jede zusätzliche Empfangsoption, die zur Erweiterung des Angebotes beiträgt, zwangsläufig und quasi automatisch zur Fragmentierung des Publikums führt (Kapitel 4).

Insgesamt tragen die Interessen zusammengenommen am meisten zur Erklärung der Fragmentierung bei, mehr noch als die Empfangsvoraussetzungen im Haushalt. Damit können frühere Befunde bestätigt werden, wonach Interessen einen stärkeren Einfluß auf die Mediennutzung haben als die technische Infrastruktur oder ein vorhandenes Angebot (vgl. Hasebrink, 1997, S. 271; Hasebrink, 1998, S. 354; Wober, 1989). Alle anderen überprüften Eigenschaften des Publikums spielen für die Fragmentierung der Mediennutzung zunächst keine Rolle, nicht einnmal indirekt.

Determinanten der themengebundenen Fragmentierung

In einem weiteren Schritt wurde die Fragmentierung *gezielt und differenziert nach speziellen Interessen und in den jeweiligen Interessengruppen* untersucht. Dafür wurde erhoben, welche Medien von den Befragten zur Information über entsprechende Interessengebiete herangezogen werden. Über alle 21 in KomRegio differenzierten Interessengebiete hinweg ergibt sich zusammengenommen ein vielfältiges Spektrum an statistisch erheblichen Determinanten. Im einzelnen sind dies

- das soziale Umfeld (Haushaltsgröße),
- soziodemographische Merkmale (Geschlecht, Schulbildung, Einkommen, Alter),

- die Publikumsbeteiligung,
- verschiedene Interessenvariablen,
- Einstellungen (Anpassungsverhalten, Einstellung zu neuen Medienentwicklungen),
- Freizeitaktivitäten (Engagement, Kultur, Action),
- das Abonnement einer Tageszeitung im Haushalt und
- der Selektivitätsgrad.

Doch trotz der Vielfalt: Pro Interessengebiet haben sich meist nur wenige Determinanten als statistisch erheblich erwiesen, die zusammen jeweils auch nur einen sehr geringen Einfluß auf die Fragmentierung ausüben. Und erstaunlicherweise ist die Erklärungskraft aller Determinanten zusammengenommen bei den Interessengruppen jeweils kleiner als bei der Gesamtpopulation, dabei wäre doch bei einer (interessen)homogenen Gruppe ein eher größerer Varianzerklärungsanteil für die Fragmentierung zu erwarten gewesen. Dieser Befund könnte dadurch erklärt werden, daß das gemeinsame Interesse als ein zentraler Faktor für die Fragmentierung bereits in der Gruppenbildung berücksichtigt ist und damit alle anderen, weniger wichtigen Determinanten nur noch einen schwachen oder gar keinen Einfluß auf die Fragmentierung mehr aufweisen.

Die am häufigsten wiederkehrenden und daher von mir als zentral bezeichneten Determinanten der themengebundenen Fragmentierung sind die Interessen und das Abonnement einer Tageszeitung im Haushalt der Befragten. Die statistisch erheblichen *Interessenvariablen* (Beruf, Weltgeschehen, Umwelt und Kultur, Freizeit, Lebensfragen und die strukturelle Determinante Interessenfragmentierung) stehen bei der themengebundenen Mediennutzung alle in einem positiven Zusammenhang mit der Fragmentierung. Besondere Interessen vergrößern also den Fragmentierungsgrad im jeweiligen Themengebiet. Das *Tageszeitungsabonnement* hängt bei der themengebundenen Mediennutzung dagegen negativ mit der Fragmentierung zusammen und bestätigt damit frühere Befunde, wonach die Haushaltsausstattung mit Kabel, Satellit und Videorekorder ebenfalls einen mindernden Einfluß auf den Fragmentierungsgrad einnimmt. Ob die im Haushalt abonnierte Tageszeitung auch tatsächlich als Informationsquelle für das jeweilige Interessengebiet herangezogen wird und damit eine gemeinsame Nutzungsbasis darstellt, muß wie bereits bei den anderen Variablen der Haushaltsausstattung offen bleiben.

Fazit

Die Interessen und die mediale Ausstattung der Haushalte erweisen sich als zentrale und stabile Einflußfaktoren für die Fragmentierung, sowohl bei der themenunabhängigen als auch bei der themengebundenen Mediennutzung. Im Zusammenhang mit der Haushaltsausstattung könnte man bei der Fragmentierung von einem „Kargheitsphänomen“ [94] sprechen; dieser Begriff bedeutet, daß diejenigen fragmentierter sind, die keinen *Zugang* zu den Medienangeboten haben. Die Tageszeitung fungiert in dieser Situation als eine Art „medialer Einigungsfaktor“ des Publikums, zumindest was die themengebundene Mediennutzung betrifft. Das Ziel, die Tageszeitung zu retten und damit gleichsam ein wichtiges Integrationsmedium für die Gesellschaft zu bewahren (vgl. Schönbach, 1997b; Schönbach & Lauf, 1998, S. 225-226; Stamm, 1985), wird vor dem Hintergrund dieser Befunde noch wichtiger.

Kausalzusammenhänge

Welche dieser Determinanten können nun auch als *Ursachen* der Fragmentierung bezeichnet werden, also nicht nur als ihre Korrelate? Selbstverständlich wären Merkmale wie das Alter, das Geschlecht, der Wohnort oder die technischen Entwicklungen des Medienangebots wohl kaum durch die (Fragmentierung der) Mediennutzung zu beeinflussen. Doch das Interesse an bestimmten Themen oder bestimmte Einstellungen könnten auch durch die Fragmentierung gefördert werden. Im Zusammenhang mit der Einflußrichtung unterscheide ich drei mögliche *Kausalitätsordnungen:*

1. Kausalität mit klarer Richtung: Abhängigkeitsverhältnisse sind naturgegeben
2. Kausalität mit plausibler Richtung: Die Richtung des Zusammenhangs ist argumentativ-theoretisch begründbar
3. Kausalität mit ambivalenter bzw. beidseitig begründbarer Richtung

94 Diesen Begriff verdanke ich Prof. Dr. Klaus Schönbach.

Alle direkt mit der Fragmentierung zusammenhängenden *Interessenvariablen* ordne ich der dritten Stufe zu, denn hier läßt sich die Frage der Kausalität nicht eindeutig beantworten; es besteht vielmehr ein Wechselverhältnis. Die einzelnen Interessen, die im Zusammenhang mit der Fragmentierung maßgeblich sind (Lokale Themen, Beruf, das Weltgeschehen, Umwelt und Kultur, Freizeit, Lebensfragen) können zum einen durch die Mediennutzung und die damit transportierten Botschaften geweckt oder gefördert werden. Umgekehrt ist es auch denkbar, daß diese Interessen erst die treibende Kraft für eine gezielte Mediennutzung und den damit zusammenhängenden Fragmentierungsgrad sind. Diese zweiseitige Kausalbeziehung bei den Interessen ist erhebungsbedingt, denn es wurden in der Untersuchung nur Interessenbereiche berücksichtigt, die in den erhobenen Medienangeboten auch vorkommen können. In KomRegio gibt es daher keine Interessen, bei denen kein Einfluß durch Medien denkbar ist[95] und die damit der zweiten Kausalitätsstufe zuzuordnen wären. Auch bei der *Interessenfragmentierung* ist die Kausalitätsrichtung nicht eindeutig. Sie kann Resultat einer fragmentierten Mediennutzung sein, etwa indem sich durch die andersartige Mediennutzung einfach andere Interessen herausbilden als beim Durchschnittsnutzer. Möglich ist ebenso, daß aufgrund eines fragmentierten Interessenspektrums auch die dafür relevanten Medien genutzt werden, die damit von den anderen verschieden sind. Bei der *Interessenbandbreite,* also der Vielfalt und dem Umfang der Interessen, kann die fragmentierte Mediennutzung ebenfalls Resultat und treibende Kraft sein. Eine dem Durchschnitt ähnliche Mediennutzung und damit ein geringer Fragmentierungsgrad kann das Interesse an vielen Themen fördern. Es ist aber auch durchaus denkbar, daß vielfältige Interessen zu einer mit anderen gemeinsamen Mediennutzung führen.

Bei der *medialen Haushaltsausstattung,* also dem Kabel- und Satellitenanschluß, dem Videorekorder und dem Tageszeitungsabonnement im Haushalt scheint der Zusammenhang zunächst in eine Richtung plausibel begründbar: Sind entsprechende Empfangsgeräte oder Abonne-

95 Hierzu zähle ich etwa das Interesse an der Geschichte des Spätmittelalters oder das Interesse an klassischer Musik. Für beide Interessenfelder gibt es relativ wenig Impulse aus den Medien. Deshalb scheint es plausibel, daß diese Interessen im sozialen Umfeld, z.B. der Familie oder der Schule, geweckt und gefördert werden.

ments im Haushalt vorhanden, so scheint diese Infrastruktur eher das daraus resultierende Mediennutzungsverhalten zu beeinflussen als umgekehrt, daß also ein bestimmtes Nutzungsverhalten das Vorhandensein von Geräten oder eines Abonnements beeinflussen kann. Die Situation im Haushalt wird bei dieser Argumentation als gegeben betrachtet. Denkt man aber an dieser Stelle weiter und wählt statt der starren Vorstellung vom Vorhandensein den flexibleren, dynamischen Begriff der Anschaffung, so scheint es ebenso plausibel, daß ein bestimmtes Mediennutzungsverhalten erst die Anschaffung von Geräten, Zusatzanlagen oder von Abonnements fördert. Aus welchen Motiven eine Anschaffung erfolgt, ob aus Interesse an bestimmten Themen, um lokal integriert zu sein oder um mitreden zu können, bleibt Spekulationen überlassen. Maßgeblich ist, daß auch die Haushaltsausstattung der dritten Kausalitätssstufe zuzuordnen ist.

Insgesamt gibt es also keine einzige statistisch relevante Determinante, die in einem kausalen Zusammenhang mit der Fragmentierung steht. Die Fragmentierung scheint offenbar ein „Interaktionsphänomen" zu sein, das Einfluß nehmen kann und beeinflußt wird.

Unerhebliche Determinanten für die Fragmentierung

Neben den vorgefundenen Verbindungen ist auch interessant, welche Merkmale in dieser Untersuchung nicht direkt oder nur schwach mit der Fragmentierung verknüpft sind. Sieht man einmal von denjenigen Determinanten der themengebundenen Mediennutzung ab, die einen relativ geringen Einfluß haben und vor allem nur ein- bis zweimal auftreten, so reduziert sich das Set auf die zwei zentralen Determinantenbündel: die Interessen und die mediale Haushaltsausstattung. Das bedeutet gleichzeitig: Die Soziodemographie, die Einstellungen und Werthaltungen, die Publikumsbeteiligung, die Freizeitaktivitäten und der Nutzungsstil spielen keine eigenständige starke Rolle für das Ausmaß der Fragmentierung. Sie hemmen die Fragmentierung nicht, fördern sie aber auch nicht. Dies ist gleichzeitig ein Hinweis auf die Heterogenität der fragmentierten Mediennutzer und deutet darauf hin, daß es sich bei der Fragmentierung in dieser Arbeit weder um ein Jugendphänomen, noch um ein

Merkmal der eher niedrig Gebildeten oder der gering Verdienenden handelt.[96]

Diese Interpretation darf jedoch nicht überbewertet werden. Denn die Befunde sind im Zusammenhang mit der *Auswahl* und *Operationalisierung der verschiedenen Determinanten* zu sehen. Aufgrund der durchweg recht schwachen Gesamterklärung der Fragmentierung durch die 44 Determinanten in den Regressionsanalysen liegt die Vermutung nahe, daß eine Reihe von anderen Gründen für die Fragmentierung ebenso wichtig oder auch wichtiger ist. Dies können weitere Merkmale des Publikums sein, die trotz des umfangreichen Determinanten-Sets der hier ausgewerteten Umfrage nicht ermittelt werden konnten, wie zum Beispiel die Staatszugehörigkeit oder bestimmte Nutzungsmotive. Vor allem weitere Determinanten auf Seiten des Medienangebots dürften für die Fragmentierung eine nicht zu unterschätzende Rolle spielen (Becker & Schönbach, 1989; McQuail, 1997). Um etwa zu erfahren, wie das verfügbare Medienangebot strukturiert ist und welche Themen dadurch abgedeckt werden, wäre eine Bestandsaufnahme und eine Inhaltsanalyse des verfügbaren Medienangebots interessant.

Soweit die Zusammenfassung und Diskussion der Befunde. Trotz aller methodischen Einschränkungen und den damit zusammenhängenden Hinweisen, die Ergebnisse vorsichtig zu interpretieren, wurde eines deutlich: Die Fragmentierung der Mediennutzung erfaßt *alle*. Daher stellt sich auch die Frage, welche Folgen und Konsequenzen die Fragmentierung für die Gesellschaft mit sich führt. Bevor ich mich dieser Frage zuwende, möchte ich aber in folgendem Exkurs einen Schritt über die Mediennutzung hinaus gehen und mich mit den Folgen der Fragmentierung empirisch und theoretisch auseinandersetzen, bevor ich dann im abschließenden Kapitel Überlegungen zu den Konsequenzen anstelle, die aus den empirischen Befunden abzuleiten sind.

96 Ausländer und ethnische Minderheiten werden ebenfalls als sogenannte „Problemgruppen" für Integrationsbemühungen aufgeführt (Jarren, 2000). Diese können in KomRegio jedoch nicht identifiziert werden.

6. Exkurs: Die Folgen der Fragmentierung

Der folgende Exkurs greift die zentrale Befürchtung der gesellschaftspolitischen Fragmentierungdebatte noch einmal auf (vgl. Kapitel 1). Diese lautet auf den Punkt gebracht: Durch die Fragmentierung der Mediennutzung machen die Menschen unterschiedliche Erfahrungen und verlieren damit an gemeinsamem Gesprächsstoff, der an gemeinsame Medienerfahrungen anknüpft. Das kommunikative Potential der Medien, das Reden über Medieninhalte und Medienereignisse nimmt damit ab und führt im schlimmsten Falle zur gesellschaftlichen Desintegration (vgl. Charlton & Klemm, 1998; Gauron, 1998; Holtz-Bacha & Peiser, 1999; Mast, 1997, S. 223; Sichtermann, 1996; Willis, 1994). Ob die Massenmedien durch die Fragmentierung der Mediennutzung ihre Integrationsfunktion bereits verloren haben, bleibt jedoch Mutmaßungen und Spekulationen überlassen (Jäckel, 1996, S. 218 und S. 271). Die bisher dazu vorgelegten drei empirischen Studien konnten jedenfalls die befürchteten Folgen nicht belegen.[97] Dies mag einerseits auf Mängel in der Operationalisierung, Indikatorenbildung und auf Interpretationsunsicherheiten dieser Arbeiten zurückzuführen sein. Andererseits ist es auch möglich, daß die Folgen der Fragmentierung – vielleicht aufgrund einer langen „Inkubationszeit" – noch gar nicht meßbar sind.

Im folgenden wird untersucht, ob es einen Zusammenhang zwischen der Fragmentierung und der Rolle der Medien bzw. Medieninhalte für die Kommunikation in der Gesellschaft gibt, wobei der Schluß auf gesellschaftliche Desintegrationstendenzen offen bleiben muß. Für dieses Vorhaben bietet sich bei der Studie KomRegio im Fragebogen eine Variable an, die als Indikator zur Messung mutmaßlicher Folgen der Fragmentierung herangezogen werden und als abhängige Variable mit dem

97 Als Indikatoren für solche negativen Auswirkungen durch Mediennutzung wurden Wertprofile, politische Einstellungen (Meder, 1998; Schulz, 1999) und die Kommunikation über Medien (Holtz-Bacha & Peiser, 1999) herangezogen. Von einer umfangreichen Vorstellung der Studien mit der notwendigen Kritik am theoretischen Konzept und seiner Operationalisierung, sehe ich hier ab. Es handelt sich bei diesem Kapitel um einen Exkurs, der über das zentrale empirische Forschungsziel dieser Arbeit hinausreicht.

Fragmentierungsindex in Zusammenhang gebracht werden kann: die *Häufigkeit der interpersonalen Kommunikation über Medieninhalte* (vgl. Anhang 1).

Die bivariate Korrelation dieser Variablen mit dem Fragmentierungsindex beträgt $r = -.14$ ($p < .001$) und bestätigt damit in ihrer Richtung zunächst einmal die Befürchtung der Pessimisten: Je stärker die Abweichung von der durchschnittlichen Mediennutzung (Fragmentierung), desto seltener die (Chance der) Kommunikation über Medieninhalte, oder umgekehrt: Je seltener jemand über Medieninhalte redet, desto eher weicht er vom durchschnittlichen Mediennutzungsprofil der Bevölkerung ab. Die Kausalitätsrichtung des Zusammenhangs läßt sich statistisch nicht eindeutig bestimmen. Plausibel sind beide Richtungen. Denkbar ist auch, daß es sich dabei um wechselseitige Effekte handelt und sich die beiden Variablen, Fragmentierung der Mediennutzung und Kommunikationshäufigkeit, gegenseitig bedingen, indem die Mediennutzung Gespräche anregt, die dann wieder zur Nutzung bestimmter Angebote führen. Auf diese wechselseitigen Prozesse zwischen Angebot und Publikum weisen die transaktionalen Modelle der Medienforschung hin (Früh & Schönbach, 1982; Schönbach & Früh, 1984; Schönbach & Eichhorn, 1992; Schönbach, 1992).

Es fragt sich jedoch, ob dieses bivariate Ergebnis nicht ganz anders ausfällt, wenn wichtige Drittvariablen kontrolliert werden. Bei den Drittvariablen kann erwartet werden, daß sie – wenn sie nicht in die Analyse aufgenommen würden – den hier zu prüfenden Zusammenhang, falls vorhanden, tendenziell verdecken. Als Drittvariablen werden in diesem Fall das Set an 44 Determinanten herangezogen, das bereits als relevant für die Fragmentierung erachtet wurde und daher mit dem Fragmentierungsindex in Zusammenhang stehen könnte. Dieses Set wird ergänzt um zwei weitere Variablen (vgl. Anhang 1): die Dauer persönlicher Gespräche und die Häufigkeit persönlicher Kontakte. Beide Variablen sind Indikatoren für das Gesprächsverhalten und damit als Kontrollvariablen wichtig. So könnte zum Beispiel eine kommunikativere Person sich auch häufiger über Medieninhalte unterhalten.

Um weitere alternative Erklärungsansätze für mögliche Zusammenhänge auszuschließen, gehen als dritter Determinantenblock die 15 im Fragmentierungsindex zusammengefaßten Mediennutzungsvariablen einzeln und unverändert in die Analyse ein. Schließlich ist es denkbar, daß die Nutzung bestimmter Medienangebote für die Befragten eine relevante Quelle für anschließende Gespräche darstellt, so zum Beispiel die, daß das Privatfernsehen besonders anregende Inhalte bietet, über die man eher mit anderen spricht.[98] Gleichzeitig werden dadurch diejenigen Medienangebote kontrolliert, die im Wortlaut der abhängigen Variablen nicht explizit aufgeführt werden.[99]

Insgesamt gehen 62 Variablen in die hierzu durchgeführten Regressionsanalysen ein. Die Befunde sind in Tabelle 19 zusammengefaßt. Insgesamt können alle Determinanten in der Analyse zusammengenommen die interpersonale Kommunikation über Medieninhalte mit 34 Prozent relativ gut bestimmen.

Zentraler Befund der Tabelle ist, daß sich der Fragmentierungsindex nicht als statistisch erheblicher Einflußfaktor für den Austausch über das Medienangebot durchsetzen kann. Sein partieller Korrelationskoeffizient beträgt lediglich $r = -.01$. Sein Einfluß ist damit gegenüber der bivariaten Analyse verschwindend gering. Es spielt nach den Befunden der linearen Regression also keine Rolle für die Gesprächshäufigkeit über Medieninhalte, ob jemand in seiner Mediennutzung fragmentiert ist oder nicht. Interessant ist auch, daß bestimmte Medienangebote offenbar keine Rolle für den gesellschaftlichen Diskurs spielen. So kann die besonders integrationsfördernde Wirkung der Tageszeitung und „ihre Funktion als Gesprächsstoff-Lieferant“ (vgl. Schönbach & Lauf, 1998, S. 226) anhand der regressionsanalytischen Befunde nicht bestätigt werden. Es waren immerhin drei Indikatoren für die Tageszeitung in der Analyse enthalten, die laut ihrer Funktion in einem negativen Zusammenhang mit der abhängigen Variablen hätten stehen können. Auch der öffentlich-rechtliche Rundfunk, in der Analyse durch die Mediennutzungsvariable „öffentlich-rechtliche Fernsehprogramme“ vertreten, kommt nach den Befunden seiner Funktion zur Integration und zur gesellschaftlichen Verständigung (Jarren, 2000) nicht in besonderem Umfang nach, wenn man diese Funktion durch den Indikator der Ge-

98 Im vorliegenden Fall besteht aber keine tatsächliche Verknüpfung zwischen der Nutzung bestimmter Angebote und der Kommunikation über deren konkrete Inhalte. Beide Variablen wurden unabhängig voneinander erhoben und in der Analyse quasi kausal verknüpft.

99 Die Variable bezieht sich auf die drei tagesaktuellen Massenmedien Radio, Zeitung, Fernsehen (vgl. zur Frageformulierung den Anhang 1 dieser Arbeit).

prächshäufigkeit über Medienerfahrungen mißt. Ansonsten hätte sich ein negativer, statistisch erheblicher Korrelationskoeffizient ergeben müssen.

Tabelle 19: Determinanten der Kommunikation über Medieninhalte

partielle Korrelationskoeffizienten (mindestens +/- .10)[a]	
Interessen	
Lokale Themen	.10
Selektivitätsgrad	
Typ Planer (hochselektiv)	.10
Expertentum	
Ratgeber	.22
Ratfrager	.16
Expertenstatus	.11

R-Quadrat = .34; p < .001
N = 1.804
a) Wegen Multikollinearität ausgeschlossene Variable: Bandbreite der Interessen[100]

Dafür sind ganz andere Determinanten relevant, die allesamt in einem positiven Zusammenhang mit der Kommunikationshäufigkeit über Me-

100 Anstatt der Interessenbandbreite wurde alternativ auch die damit am höchsten korrelierende Variable, „Interesse für lokale Themen", entfernt. Dadurch ergaben sich jedoch bis auf minimale Koeffizientenschwankungen keine Änderungen für die Befunde der Regressionsanalyse. Die Variable Interessenbandbreite konnte sich nicht durchsetzen. Deshalb wurde die Interessenbandbreite entfernt. Dadurch zeigt dann zusätzlich das Interesse an lokalen Themen einen statistisch erheblichen Einfluß.

dien stehen. In den Analyse wurden keine negativen Zusammenhänge gefunden, es können daher anstatt der Fragmentierung auch keine anderen „Gefährdungspotentiale" definiert werden. Die wichtigste Einflußgröße ist die Ratgebertätigkeit: Je häufiger jemand zu einem beliebigen Thema Rat erteilt, desto häufiger unterhält er sich auch über Medienbotschaften. In dieselbe Richtung geht auch die Tatsache, daß man als Experte für bestimmte Themen gilt und daß man selbst andere um Rat fragt. Ein hochselektiver Nutzungsstil ist ebenfalls positiv mit der Kommunikationshäufigkeit über Medien verbunden: Wenn jemand gezielt und bewußt Medienangebote auswählt (Typ Planer), ist die Wahrscheinlichkeit groß, daß er sich häufiger über das unterhält, was er gehört, gesehen oder gelesen hat. Dieselbe Einflußstärke weist das Interesse an lokalen Themen auf: Es fördert die interpersonale Kommunikation über Medieninhalte.

Aus diesen Zusammenhängen geht jedoch nicht hervor, ob sich die Gespräche auch entsprechend um lokale Geschehnisse drehen und damit das lokale Interesse gleichsam als Gesprächs-Input fungiert, ob die Ratgeber- oder Expertentätigkeit sich auf die Gesprächsinhalte bezieht oder ob durch die selektive Mediennutzung gerade die Inhalte ausgewählt werden, über die anschließend auch geredet wird. Diese Zusammenhänge können zwar plausibel sein, statistisch abgesichert sind sie jedoch keinesfalls. Dies gilt ebenso für die Kausalitätsrichtung der Zusammenhänge. Zwar wird im Modell eine plausible Einflußrichtung unterstellt, doch denkbar ist jeweils auch der Umkehrschluß: Gespräche über Medieninhalte fördern lokales Interesse, fördern eine bewußte und gezielte Auswahl von Medien oder tragen dazu bei, daß jemand als Experte bzw. Ratgeber fungiert. Damit stehen alle statistisch erheblichen Determinanten in einem Wechselverhältnis mit der Fragmentierung.

Insgesamt erbringen die hier durchgeführten Analysen keinen empirischen Beleg für die Befürchtung der Fragmentierungspessimisten. Dieser Befund führt mich dazu, im folgenden einmal grundsätzlich und anhand von Hinweisen aus der bisherigen Literatur die Folgenkette der Fragmentierungspessimisten zu hinterfragen, die von der Fragmentierung der Mediennutzung auf das Ende des gesellschaftlichen Diskurses schließt.

Integration trotz Fragmentierung? Überlegungen zu den Folgen der Fragmentierung

Ein Blick auf das *Medienangebot* und die *Struktur der Medieninhalte* liefert Argumente, warum der medieninduzierte Gesprächsstoff im Publikum trotz der Nutzung völlig verschiedener Medienangebote nicht ausgehen muß – und zwar deshalb, weil das, was die verschiedenen Medien präsentieren häufig ein- und dasselbe ist, also statt einer zunehmenden Vielfalt eher ein „more of the same" (vgl. Cuilenburg, 1998). Der Grund: Eine zunehmende Standardisierung der Formate, der Präsentationsformen und Stile sorgt für eine Homogenisierung der Inhalte, die als Gesprächsthemenlieferant zentral sind (vgl. Bruns & Marcinkowski, 1996; Krüger, 1996; Schatz, Immer & Marcinkowski, 1989; Schatz, 1992). Folgende Gründe sind u.a. für die inhaltliche Homogenisierung im Medienangebot verantwortlich:

- Aus der *Kommunikatorforschung* ist bekannt, daß die Journalisten selektionssteuernde Nachrichtenregeln einheitlich internalisiert haben (Schulz, 1976), was sich homogenisierend auf die Themenlage der Medien auswirkt.[101] Diese einheitlichen publizistischen Selektionskriterien setzen bereits bei den Nachrichtenagenturen ein und steuern die Auswahl relevanter Themen. Von dort wird das Informationsmaterial an die einzelnen Medien und Redaktionen weitergeleitet, die es (häufig unverändert) übernehmen. Hinzu kommt die *Nutzung gemeinsamer Quellen*; dies sind beim Fernsehen zum Beispiel ähnliche Programmzulieferer- und Produktionsquellen sowie von allen genutzte Archive für Sport und Unterhaltung; im Zeitungssektor sind es zum Beispiel Mantelzulieferungen und im Hörfunkbereich die Zuliefer- und Agenturprogramme.
- Auch durch die *medienübergreifenden Verbreitungsstrategien* und die Mehrfachverwertung einmal recherchierter und aufbereiteter Inhalte werden die Medien mit ähnlichen Themen durchsetzt (European Communication Council, 1999). So werden verschiedene Printtitel parallel im Internet und als Fernsehformate präsentiert, was dazu führt, „daß gedruckte und elektronische Medien inhaltlich und

101 Für einen Überblick über die Determinanten der Nachrichtenauswahl vgl. Schulz, 1997b, S. 327-332.

ästhetisch immer stärker zusammenrücken" (Niesel, 1998, S. 118). Es wurde bereits empirisch nachgewiesen, daß die Print-Version einer Zeitung durch ihr Online-Pendant nicht verdrängt wird (Kamp, 1998), d.h. daß die Nutzerschaft derselben Inhalte über verschiedene Verbreitungsplattformen ausgeweitet wird.

- Der Medienmarkt ist ein *Referenzsystem;* wichtige Ereignisse, die in einem Medium stattgefunden haben, werden von anderen Medien aufgenommen und thematisiert. Beispielhaft vollzog sich dies an der Fernsehserie „Big Brother", seit Anfang März 2000 im Programm des privaten Fernsehsenders RTL 2. Big Brother ist ein Paradebeispiel für ein Medienereignis, über das alle anderen Medien und die gesamte Nation diskutiert. Selbst Menschen, die gar keine Medien nutzen, kommen an der Diskussion kaum vorbei, da sie das Tagesgespräch ausmacht. Solche „Crossover"-Effekte (Groebel, 1995) sind aber nicht nur das Ergebnis besonders berichtenswerter Ereignisse. Sie resultieren auch daraus, daß große Medienkonzerne ihre Medienangebote in einem Verbund vermarkten.[102] Die Folgen sind dieselben: Die ursprünglich nur in einem Medium verbreitete Botschaft vervielfacht ihre Reichweite über viele Kanäle und bietet damit auch einem fragmentierten Publikum eine gemeinsame Gesprächsbasis.

Diese inhaltlichen Entwicklungen im Medienangebot könnten die Folgen der Fragmentierung mindern und damit in ihrer Konsequenz eine integrierende Wirkung auf das Publikum haben.[103] Sie bieten wenig Anlaß zu der Befürchtung, daß dem Medienpublikum durch die Nutzung unterschiedlicher Angebote die Gesprächsthemen ausgehen und sind daher positiv zu bewerten – eigentlich. Tatsächlich aber werden genau diese Medienangebotsentwicklungen und ihre mutmaßlichen Folgen auf die Nutzer in der medienpolitischen Debatte negativ bewertet und – wie bereits das Fragmentierungsphänomen selbst – als Gefahr für die Gesell-

---

102 Zum Verhältnis zwischen Marktstrukturen und Inhalten vgl. Cuilenburg, 1998, S. 74-78.

103 Um die Art und das Ausmaß dieser homogenen Berichterstattung abzubilden, ist eine Inhaltsanalyse notwendig. Die Themen- und Relevanzstrukturen im Publikum lassen sich durch eine Befragung erfassen. Vor allem die Agenda-Setting-Forschung liefert zu diesem Aspekt wichtige Hinweise (vgl. z.B. Shaw & Martin, 1992; Brosius, 1994).

schaft betrachtet. Der Grund: Dieses ”Mix des Immergleichen” (Theis-Berglmair, 1998, S. 155) läßt sich mit der demokratisch geprägten Forderung nach Pluralismus der Meinungen und Interessen als Voraussetzung der umfassenden Meinungsbildung (Cuilenburg, 1998) nicht vereinbaren. Die homogenen Inhaltstrukturen schränken nicht nur die publizistische Vielfalt ein, sondern nähren die Ängste vor gesellschaftlicher Uniformierung, vor Vereinheitlichung und der Zunahme von Mainstream-Geschmacksmustern in einer pluralen Gesellschaft (vgl. Becker, 1994, 1998, S. 7-8; Maletzke, 1987; Presse- und Informationsamt der Bundesregierung, 1998). Daß das Fernsehen die Weltanschauungen verschiedener Bevölkerungssegmente aneinander angleicht und damit Einstellungsunterschiede nivelliert, hat schließlich bereits die amerikanische Mainstreaming-Forschung gezeigt (Gerbner, Gross, Morgan & Signorelli, 1994; vgl. auch Perse, Ferguson & McLeod, 1994).

An dieser Stelle wird eine *Paradoxie* in der Argumentation über die Funktion von Medien und Kommunikation deutlich. Diese Paradoxie beruht darin, daß zwei Bewertungsansätze auf die Mediennutzung und ihre Folgen angewendet werden, die in der Literatur nebeneinander bestehen, die sich aber in ihren Konsequenzen widersprechen, wenn sie miteinander konfrontiert werden (vgl. Hasebrink, 1997). Mit Hilfe eines zweidimensionalen Schemas fasse ich die beiden Argumentationslinien zusammen und stelle sie einander gegenüber. Dabei wird die Mediennutzung zur Verdeutlichung des Zusammenhangs als duales Extremverhalten und neutral für alle Fragmentierungsebenen dargestellt; ihre mutmaßlichen Folgen werden nach positiver und negativer Bewertung differenziert. Gleichzeitig wird so das Fragmentierungsphänomen in einen Bewertungszusammenhang eingeordnet und in seiner Relevanz verdeutlicht (vgl. Schaubild 12).

Das Schaubild 12 zeigt die gegensätzlichen Positionen in der Diskussion mutmaßlicher Folgen der Mediennutzung: Nutzen alle im Publikum das Gleiche, so löst das zum einen Ängste vor der „Vermassung“ der Gesellschaft aus. Zum anderen – und hier argumentiere ich aus der Perspektive der Fragmentierungsdebatte – ist diese Nutzungsform Voraussetzung für gemeinsame Gespräche in der Gesellschaft und damit für Integration durch Kommunikation. Nutzen die Rezipienten dagegen Unterschiedliches, so hören die Fragmentierungspessimisten das Ende der gesellschaftlichen Gemeinschaft einläuten, während die Gegenposition damit Meinungs- und Ideenvielfalt assoziiert. In diesen Überlegungen wird also deutlich, daß die gleichen Nutzungsstrukturen ganz unterschiedlich bewertet und interpretiert werden.

Schaubild 12: Folgen der Mediennutzung für die Gesellschaft[104]

Mediennutzung	*positiv*	*negativ*
Nutzung von Gleichem	gemeinsame Gesprächsbasis, Kommunikation über Medienerfahrungen, Integration	Uniformierung, Vereinheitlichung (Mainstreaming-These)
Nutzung von Unterschiedlichem	Pluralismus der Meinungen und Interessen, gesellschaftliche Differenziertheit	fehlende Gesprächsbasis, abnehmende Kommunikation, Desintegration

Insgesamt möchte ich mit diesen Überlegungen keineswegs zeigen, daß die Fragmentierung und ihre mutmaßlichen negativen Folgen für die Gesellschaft nicht ernstzunehmen wären. Im Gegenteil: Gerade weil sie ernstzunehmen sind, ist es von großer Relevanz, den Bewertungszusammenhang des Fragmentierungsphänomens hier einmal zu hinterfragen und auf mögliche Indifferenzen, Widersprüche und Paradoxien in der Argumentation hinzuweisen. Ebenso wichtig ist es aber auch, sich Gedanken über mögliche Konsequenzen und Handlungszusammenhänge zu machen, die aus den bisher ermittelten Untersuchungsergebnissen der empirischen Analysen der vorliegenden Arbeit abgeleitet werden können. Wie steht es um den Fragmentierungszustand in der Gesellschaft? Und was ist zu tun? Diesen Fragen widmet sich das folgende letzte Kapitel meiner Arbeit.

---

104 Die Grundidee zu diesem Schaubild stammt von Bonfadelli (1985, S. 66). Adaptionen dieses ursprünglichen Schemas finden sich bei Hasebrink (1997, S. 274), McQuail (1994, S. 70), Schulz (1999, S. 90-92) und Wilke (1996, S. 22-23).

7. Konsequenzen

Was läßt sich nun aus den empirischen Befunden über die Fragmentierung der Mediennutzung Ende der 90er Jahre lernen? Der Literaturbericht dieser Arbeit hat deutlich gemacht, daß das Phänomen nur sehr oberflächlich diskutiert wird: Wer besonders von der Fragmentierung „betroffen“ ist, welche Publikumsfaktoren das Fragmentierungsausmaß steuern könnten und wodurch die Fragmentierung daher überhaupt zustande kommen kann, all diese Fragen wurden meist nicht einmal gestellt. In diese relativ pauschal und undifferenziert geführte Fragmentierungsdebatte greift meine Untersuchung ein. Am Ende dieser Arbeit läßt sich nun mit aller gebotenen Vorsicht sagen: Die Vermutung, daß die Fragmentierung ein Phänomen bestimmter gesellschaftlicher Gruppen sein könnte, das ist nach meinen eigenen Befunden falsch. Dies führt mich zu der ersten von *vier Thesen,* mit denen ich den empirischen Ertrag der vorliegenden Arbeit einmal im Hinblick auf seine Bedeutung und seine möglichen Konsequenzen diskutiere – manchmal auch etwas spekulativ und überspitzt, aber dafür um so deutlicher.

1. Fragmentierung ist ein gesamtgesellschaftliches Phänomen

Ein Hauptergebnis dieser Untersuchung ist: Es gibt keine gesellschaftlichen Gruppen, die besonders fragmentiert sind. Die Vielzahl an *soziodemographischen Merkmalen,* das Alter, das Geschlecht, das Einkommen, der Bildungsgrad oder die Berufstätigkeit und auch die Haushaltsgröße spielen keine eigenständige Rolle für die Fragmentierung der Mediennutzung. Auch *Einstellungsmerkmale und Mentalitäten* wie zum Beispiel die eher offene bzw. eher ängstliche Haltung zu medientechnischen Entwicklungen sind unbedeutend für die Fragmentierung.

Bei denjenigen, die in ihrer Mediennutzung am weitesten vom Durchschnitt entfernt sind, handelt es sich demnach überspitzt formuliert nicht um die Dummen, die Alten, die Singles, die Armen oder die „Technophoben“. Diese Bevölkerungsgruppen, die in gesellschaftspolitischen Debatten, vor allem im Zusammenhang mit dem Medienumgang, meist zuerst als Problemsegmente benannt werden (z.B. Jarren, 2000), sind nicht von Fragmentierung bedroht. Es sind aber auch nicht die jüngeren Altersgruppen, die besser Verdienenden oder die höher Gebildeten, denen ein hoher Fragmentierungsgrad zugeschrieben werden kann. Und auch diejenigen, die relativ sicher im Umgang mit neuen Medientechniken sind, weichen in ihrer Mediennutzung praktisch nicht vom Durchschnitt ab.

Um es auf den Punkt zu bringen: Bei der Fragmentierung handelt es sich offensichtlich um ein *gesamtgesellschaftliches Phänomen,* das keine speziellen Publikumssegmente oder klar definierbaren Problemgruppen betrifft, sondern das soziodemographische und psychographische Grenzen überschreitet. Den typischen fragmentierten Nutzer gibt es demnach nicht. Fragmentierung betrifft, wenn man die Befunde ernst nimmt, alle Menschen und alle Bevölkerungsschichten. Trotzdem: Es gibt Möglichkeiten, die Fragmentierung anhand bestimmter Determinanten zu spezifizieren. Welche Determinanten sind dies und welche Folgen bringt der jeweilige Zusammenhang mit sich? Diese Fragen führen mich zu meiner zweiten These.

2. Fragmentierung hängt mit Interessen und medialen Zugangsbedingungen zusammen

Den *Interessen* der Menschen kommt die zentrale Rolle bei der Fragmentierung zu. Es sind diejenigen, die sich in ihrem Interessenspektrum von den anderen unterscheiden und diejenigen, die sich nur für wenige Themen interessieren, die besonders stark in ihrer Mediennutzung abweichen. Auch die Mehrzahl der untersuchten Spezialinteressen – wenn sie überhaupt relevant sind – sorgt dafür, daß die Menschen in ihrer Mediennutzung eher vom Durchschnitt verschieden sind. Ein großes Interesse am Geschehen vor Ort führt dagegen zu einer Annäherung. Diese Befunde sind nicht besonders dramatisch, Interessen sind eher wenig „gefährliche“ Determinanten.

Brisanter ist der Befund, daß gerade diejenigen in ihrem Mediennutzungsverhalten vom Durchschnitt verschieden sind, die über *Kabelanschluß, Satellitenempfang* oder einen *Videorekorder* im Haushalt verfügen. In diesem Punkt kann man einigen Vertretern der Fragmentierungsdebatte recht geben, die die rein technischen Zugangsbedingungen zu Medienangeboten als fragmentierungsfördernd betrachten (z.B. Berghaus, 1997; Kofler, 1998; Webster, 1986). Dabei betreffen diese technischen Gatekeeper vor allem den Fernsehsektor. Daraus könnte man schließen wollen, daß das Fernsehen eine nicht unbedeutende Rolle bei der Fragmentierung spielt und damit gleichzeitig eingestehen, daß die öffentliche Debatte und die Medienforschung gar nicht so falsch liegen, wenn sie sich in ihren Argumentationen und ihren Untersuchungen vor allem auf dem Fernsehsektor bewegen. Diese Entschuldigung währt aber nicht lange, denn auch das Abonnement einer *Tageszeitung* im Haushalt nimmt bei der Fragmentierung eine zentrale Funktion ein: Diejenigen, die in Zeitungshaushalten leben, neigen weniger dazu, in ihrem Medienverhalten anders zu sein als der Rest, zumindest was die themengebundene Mediennutzung angeht. Die Zeitung könnte daher als eine „Insel der Integration im Zeitalter der Fragmentierung“[105] bezeichnet werden. Dies ist gleichzeitig ein Hinweis darauf, daß dem lokalen Raum bei der Fragmentierung offenbar eine besondere Bedeutung zukommt; mehr dazu in der nächsten These.

3. Fragmentierung ist kein Phänomen des lokalen Raumes

Die Analyse hat gezeigt: Der Fragmentierungsgrad ist im Zusammenhang mit lokalen Interessen eher schwach ausgeprägt. Sind die Befragten an Region, Haus und Gemeinde interessiert, fühlen sie sich der Umgebung verbunden, oder nutzen sie zur Information eine lokale Tageszeitung, tendieren sie zu weniger Abweichung vom Durchschnitt. Und für die themengebundene Mediennutzung gilt: Informieren sich die Befragten über lokale Themen, unterscheiden sie sich deutlich geringer voneinander in ihrer Mediennutzung, als dies bei globalen, nicht ortsbezogenen Themen der Fall ist.

Dies könnte bedeuten: Der lokale Raum und das Informationsverhalten im Hinblick auf lokales Geschehen bergen ein geringeres Fragmentierungspotential als globale, bundesweite Medienmärkte und ihre Inhalte. Zwar wäre es zu weit gegriffen, anhand dieser Ergebnisse den lokalen Raum zur fragmentierungsfreien Zone erheben zu wollen. Doch mein Vorwurf, daß die öffentliche Fragmentierungsdiskussion den lokalen Raum völlig außer acht läßt, kann damit im Nachhinein etwas abgeschwächt werden, wenngleich diese Vernachlässigung nicht aus

105 Zu diesem Begriff haben mich Publikationen Schönbachs (z.B. 1994) inspiriert.

Wissen darüber, sondern vielmehr aus der Undifferenziertheit der Debatte resultiert.

4. Trotz Fragmentierung – Kommunikation findet (noch) statt

Die Analysebefunde aus meinem Exkurs über die Folgen der Fragmentierung können die Furcht der Debatte, Fragmentierung fungiere als *Kommunikationsbarriere* zwischen den Gesellschaftsmitgliedern, dämpfen. Dramatische Folgen der Fragmentierung ließen sich nicht ermitteln, die Menschen reden noch miteinander über ihre Medienerfahrungen, trotz Fragmentierung. Mehr noch: Es ließen sich auch keine kommunikativ abgeschotteten Bevölkerungssegmente identifizieren, die etwa durch bestimmte soziodemographische Merkmale oder spezielle Werthaltungen charakterisierbar wären. Die Befragten reden etwas mehr, wenn sie Experten oder Ratgeber sind und sich für lokales Geschehen interessieren. Von katastrophalen Zuständen im Kommunikationsverhalten der fragmentierten Bevölkerung kann nach den Befunden dieser Analysen jedenfalls keine Rede sein. Allerdings: Ein bestimmtes Medienangebot, dem ein besonders großer Einfluß als Gesprächsstoff-Lieferant zugeschrieben werden könnte, fand sich in den Analysen nicht.

Insgesamt läßt sich zusammenfassen: Es steht um die Gesellschaft und ihr Kommunikationspotential gar nicht so schlecht. Trotzdem: Fragmentierung gilt in der Öffentlichkeit als gesellschaftlich dysfunktional und als hinderlich für die Erreichbarkeit eines großen Publikums. Ihr muß nach dieser Auffassung entgegengewirkt und damit müssen die Gemeinsamkeiten der Mediennutzung gefördert werden. Die Untersuchung liefert mit den Interessen und der medialen Haushaltsausstattung zwei Ansatzpunkte für denkbare gemeinschaftsfördernde „Aktionen", deren Realisierbarkeit hier einmal dahingestellt sei.

1. Um die *Interessenbandbreite* beim einzelnen zu erweitern, bedarf es einer Art „Interessenförderung". Dies könnten etwa gezielte Bildungsprogramme leisten. Das *Interesse am lokalen Geschehen* ließe sich möglicherweise durch die Einbindung der Menschen in die Umgebung und das örtliche Geschehen mit Hilfe von Vereinen oder Ortsgruppen fördern, durch gezielte Veranstaltungen vor Ort oder auch durch die regelmäßige Nutzung lokaler Medien, insbesondere der Tageszeitung (Schönbach & Lauf, 1998; Schönbach, Lauf & Peiser, 1999).

2. Der *Tageszeitung* kommt als „Integrationsmedium" der themengebundenen Mediennutzung damit eine zweifache Funktion zu: Zum einen könnte sie zur Integration der Menschen in die Nahwelt beitragen und damit zusammenhängend lokales Interesse fördern. Zum anderen könnte sichergestellt werden, daß ein Zeitungsabonnement im Haushalt vorhanden ist. Dies könnte durch Frei-Abonnements oder durch gezielte Förder-Aktionen für das Zeitunglesen, möglichst bereits in den Schulen, gelingen. Entsprechend könnten diejenigen, die über ihren Haushalt keinen Zugang zu bestimmten Fernsehangeboten haben mit entsprechenden *Dekodern und Geräten* ausgestattet werden. Ob dies durch die Gerätehersteller selbst oder durch bestimmte Förderprogramme erfolgt, sei hier dahingestellt. Solche Maßnahmen zur Sicherung des Zugangs für den einzelnen entsprechen auch Cuilenburgs (1998) zentraler Forderung an die Kommunikationspolitik, den freien und gleichen Zugang für jeden einzelnen zu gewährleisten (Cuilenburg, 1998, S. 78-79).

Und was bedeuten die Untersuchungsergebnisse für *Marketing und Werbung?* Die Befürchtungen, daß bestimmte Zielgruppen mit den Botschaften gar nicht mehr erreicht werden, sind anhand der Untersuchungsergebnisse nicht begründbar. Es gibt keine wirklich abgrenzbaren Gruppen, die an den marketingrelevanten soziodemographischen oder psychographischen Merkmalen festzumachen sind. Das heißt aber auch: Vielschichtige soziale Milieus müssen gar nicht erst identifiziert werden. Vielmehr ist die Definition der Zielgruppe gar nicht allzu schwierig. Es sind im Grunde alle. Diejenigen, die es zu erreichen gilt, finden sich überall in der Bevölkerung. Es ist lediglich darauf zu achten, daß die Werbe-Botschaft auf das *Interesse* der Leute trifft. Eine fast schon triviale Empfehlung.

Für eine übertriebene Furcht vor der Fragmentierung und ihren mutmaßlichen Folgen liefert die vorliegende Untersuchung keine Argumente. Die Ergebnisse bergen auch kein Potential für eine Anheizung der Debatte um eine mediale Klassengesellschaft. Sie liefern der Medienpolitik keinen Anlaß, mit gesetzlichen Auflagen oder Regulierungsmaßnahmen einzugreifen. Vielmehr machen sie deutlich, daß Fragmentierung kurz vor der Jahrtausendwende eigentlich gar nichts Besonderes ist.

Zusammenfassung

Das Medienangebot erfährt durch Fortschritte in der Informationstechnologie, z.B. Kabel- und Satellitentechnik, Videotext oder Videorekorder, eine enorme Ausweitung. Vor allem seit dem Beginn des dualen Rundfunksystems 1984 findet eine stetige Vermehrung von Hörfunk- und Fernsehprogrammen statt. Der Printsektor steht dem nicht nach: Die Anzahl erscheinender Publikumszeitschriften hat sich von 1985 bis 1995 von 348 auf 695 Titel fast verdoppelt. Das Publikum scheint mit dieser Entwicklung kaum Schritt halten zu können: Innerhalb der letzten 20 Jahre hat sich die Zuwendungs- und Nutzungszeit nicht dramatisch vergrößert und die Zahl der Nutzer wird auch nicht mehr. Die offenbar logische Konsequenz aus dieser Situation, scheint zwangsläufig die *Fragmentierung des Publikums* zu sein, wodurch die Menschen unterschiedliche Medienerfahrungen machen und an gemeinsamem Gesprächsstoff verlieren, so die in der Literatur verbreitete Annahme. Das Reden über Medieninhalte und Medienereignisse nimmt damit ab und führt im schlimmsten Fall zur gesellschaftlichen Desintegration und Zersplitterung.

Vor diesem Hintergrund wird die Fragmentierung in medienpolitischen Debatten diskutiert und als ein Schwerpunkt der künftigen Massenkommunikationsforschung bezeichnet. Um so erstaunlicher ist es deshalb, daß das Phänomen der Fragmentierung bis heute nicht *einheitlich definiert*, *differenziert* betrachtet und nicht hinreichend *operationalisiert* und ebensowenig ernsthaften *empirischen Tests* unterzogen wurde und somit auch nicht ausreichend *belegt* ist. Die vorliegende Arbeit hat zum Ziel, zum einen die Fragmentierung der Mediennutzung differenziert zu *beschreiben* und sie zum anderen *meßbar* zu machen, d.h. ein Fragmentierungmaß zu entwickeln, das als *Gradmesser der Fragmentierung* fungiert.

Zunächst werden verschiedene *Begriffe und Konzepte von Fragmentierung* diskutiert. Im einzelnen sind dies: der Umfang des Medienrepertoires, das Konzept der (ungleichen) Verteilung des Publikums, das Konzept der Individualisierung der Mediennutzung, das Cluster-Konzept und das Konzept der Medienmenüs und Repertoirekombinationen. Für die vorliegende Arbeit gilt: Von Fragmentierung ist dann die Rede, sobald zwischen Individuen keine vollständige Überschneidung in der Mediennutzung vorherrscht. Fragmentierung steht dabei für die Abweichung von Personen in ihrer Mediennutzung in bezug zu anderen Personen. Fragmentierung ist eine *Zustandsbeschreibung,* die einen *Intensitätsgrad* ausdrückt und sowohl ein Gesamtpublikum als auch Gruppen daraus betreffen kann.

In einem nächsten Schritt wird die Fragmentierung nach verschiedenen *Ebenen* differenziert und es werden für jede Ebene die empirischen Anhaltspunkte und Erscheinungsformen der Mediennutzung vorgestellt. Im einzelnen geht es um folgende neun Fragmentierungsebenen: die Ebene der Kommunikationskanäle, die Ebene der Mediengattungen, die Ebene der Rundfunksender und Printtitel, die Ebene der Sendungen, Sendungsausschnitte und Sendungsschnipsel, die Ebene der Wahrnehmung, die Ebene der Inhalte und Genres, die Ebene des Rundfunksystems, die Ebene der Raumdimension und die Ebene der Zeitdimension. Um der zentralen Frage dieser Arbeit nachzugehen, welche *Determinanten* den Grad der Fragmentierung bestimmen, wird ein Determinantenmodell für die Fragmentierung entwickelt, das Merkmale des Medienangebots (z.B. Haushaltsausstattung mit Medien, interaktive Angebote, Spartenmedien) und Merkmale des Publikums (z.B. soziodemographische und psychographische Eigenschaften, Interessen / inhaltliche Vorlieben, Freizeitverhalten) unterscheidet.

Datenbasis der empirischen Untersuchung ist eine repräsentative Bevölkerungsbefragung aus 1998 in den drei Ballungsräumen Mannheim-Ludwigshafen, Mainz und Karlsruhe. Als Grundgesamtheit wurde die Bevölkerung ab 14 Jahren in Privathaushalten des Untersuchungsgebietes definiert. Aus dieser Grundgesamtheit wurde eine repräsentative Zufallsstichprobe von 1.805 Personen gezogen. Die persönlich-mündlichen Interviews basierten auf einem standardisierten Fragebogen und hatten eine durchschnittliche Dauer von einer Stunde.

Der *Fragmentierungsindex* ist die Grundlage aller errechneten Befunde. Er ist als individuelles Abstandsmaß definiert, d.h. je stärker eine Person in ihrer Mediennutzung von den anderen abweicht, desto größer ist der Fragmentierungsindex und damit der Fragmentierungsgrad. Er basiert auf 15 verschiedenen Medienangeboten, die die Medienlandschaft umfangreich abbilden. Mit diesem Index läßt sich belegen, daß sich die Befragten in ihrem Mediennutzungsverhalten relativ stark voneinander unterscheiden.

In einem Exkurs wird anschließend überprüft, ob sich ein alternatives, ein besseres oder ein ergänzendes Maß zum Fragmentierungsindex entwickeln läßt. Dafür werden die bereits vorgestellten Fragmentierungskonzepte in ihrer Eigenschaft, Fragmentierung *empirisch* abzubilden, evaluiert und dabei Clusteranalysen, Entropieberechnungen, Variationen des Medienrepertoireumfangs und Überlappungsanalysen von Medienmenüs herangezogen. Letztlich war keines der Maße geeignet, Fragmentierung besser abzubilden, als der Fragmentierungsindex.

Von rund 44 überprüften Merkmalen des Publikums und des Medienangebots bestimmen nach den Regressionsanalysen nur sechs, wie stark die befragten Personen in ihrer Mediennutzung voneinander abweichen. Die *Interessen*fragmentierung, also die Abweichung vom durchschnittlichen Interessenprofil der Gesamtpopulation, steht in einem positiven Zusammenhang mit der Fragmentierung: Wer in seinen Interessen vom Durchschnitt abweicht, tut dies offensichtlich auch in seiner Mediennutzung. Die Bandbreite der Interessen und das Interesse an lokalen Themen sind dagegen negativ mit Fragmentierung verknüpft: Personen, die eher wenige Interessen haben, neigen stärker zur Fragmentierung. Personen, die sich für das lokale Geschehen interessieren, ähneln dagegen den anderen. Neben den Interessen ist der *Besitz von Empfangsmöglichkeiten im Haushalt* zentral für die Fragmentierung: Sind ein Videorekorder, ein Kabelanschluß oder eine Satellitenanlage im Haushalt vorhanden, so tendieren die Befragten weniger dazu, sich in ihrer Mediennutzung von den anderen zu unterscheiden.

Untersucht man die Determinanten der *themengebundenen Fragmentierung,* d.h. nach speziellen Interessen und Themen differenziert und innerhalb der jeweiligen *Interessengruppen*, sind verschiedene Interessenvariablen und das Abonnement einer Tageszeitung im Haushalt der Befragten bei der Mehrzahl der Gruppen relevant: Interessen fördern die Fragmentierung in den jeweiligen Gruppen, das Zeitungsabonnement dagegen mindert sie.

In einem Exkurs zu den *Folgen der Fragmentierung* wird untersucht, ob und inwieweit das Reden über Medieninhalte und -ereignisse durch die Fragmentierung abgenommen hat. Die Regressionsanalysen machen deutlich: Es spielt keine Rolle für die Gesprächshäufigkeit über Medieninhalte, ob jemand in seiner Mediennutzung fragmentiert ist oder nicht. Fördernd für die Gesprächsfrequenz sind dagegen die Ratgebertätigkeit und daß man selbst andere um Rat fragt, die Tatsache, daß man als Experte für bestimmte Themen gilt, bewußt und selektiv Medien nutzt und daß man sich für das Geschehen vor Ort interessiert.

Was läßt sich aus den empirischen Befunden über die Fragmentierung der Mediennutzung lernen? Die Interessen und die mediale Versorgung der Haushalte sind die zentralen Determinanten der Fragmentierung. Bei der Fragmentierung handelt es sich also offensichtlich um ein *gesamtgesellschaftliches Phänomen,* das keine speziellen Publikumssegmente oder klar definierbaren Problemgruppen betrifft. Den typischen fragmentierten Nutzer gibt es demnach nicht. Und: Die Menschen reden noch miteinander über ihre Medienerfahrungen, trotz Fragmentierung. Für eine übertriebene Furcht vor der Fragmentierung und ihren mutmaßlichen Folgen liefert die vorliegende Untersuchung keine Argumente. Die Ergebnisse bergen auch kein Potential für eine Anheizung der Debatte um eine mediale Klassengesellschaft. Sie liefern der Medienpolitik keinen Anlaß, mit gesetzlichen Auflagen oder Regulierungsmaßnahmen einzugreifen. Sie machen vielmehr deutlich, daß Fragmentierung um die Jahrtausendwende eigentlich gar nichts Besonderes ist.

Anhang

1 Definition der Analysevariablen

2 Tabellen

Anhang 1 Definition der Analysevariablen

Im folgenden werden die Frageformulierungen aus KomRegio und die Regeln der Konstruktion von Indizes für die *Erfassung der Mediennutzung,* die *Determinanten der Fragmentierung,* den *themengebundenen Fragmentierungsindex* sowie die Determinanten und *Indikatoren der Kommunikation über Medieninhalte* aufgeführt und erläutert.

Mediennutzung:

Frage: „Ich habe hier eine Liste von Medien und Informationsmöglichkeiten. Sagen Sie mir bitte jeweils, wie häufig Sie diese Medien lesen, sehen oder hören (Antwortvorgaben: „täglich / fast täglich“, „mehrmals in der Woche“, „mehrmals im Monat“, „einmal im Monat“, „mehrmals im Jahr“, „seltener“, „nie“).“

1. Überregionale Tageszeitungen
2. Lokale Tageszeitungen
3. BILD-Zeitung
4. Anzeigenblätter
5. Wochenzeitungen
6. Zeitschriften
7. Stadtmagazine
8. Südwest 3
9. Andere Dritte Fernsehprogramme
10. Öffentlich-rechtliche bundesweite Fernsehprogramme (ARD, ZDF)
11. Private Fernsehprogramme
12. Lokale Radiosender
13. Überregionale Radiosender
14. Videotext
15. Internet, Online-Dienste

Haushaltsausstattung mit Medien:

Die folgenden Variablen gehen jeweils einzeln in die Analyse ein:

- Anzahl der TV-Geräte im Haushalt: Frage: „Wieviele Fernseher haben Sie – alles zusammengerechnet (auch tragbare Geräte) in Ihrem Haushalt?" offen erhoben und als metrische Variable behandelt.
- Besitz der folgenden Kommunikationsangebote im Haushalt: Kabelanschluß, Satellitenempfang, Videorekorder, Abonnement einer Tageszeitung, Videotextausstattung am Fernseher, Online-Anschluß (AOL, Internet, Compuserve, T-Online), Pay-TV-Abonnement (Premiere, DF1), tragbares Radiogerät; jeweils Dummy-Variablen: ja = 1, nein = 0.

Haushaltsgröße:

Anzahl der Haushaltsmitglieder; offen erhoben als metrische Variable behandelt.

Geschlecht:

Dummy-Variable: weiblich = 1, männlich = 0

Lebensalter:

Die metrische Variable Alter wurde zunächst in eine ordinale Variable transformiert. Aus diesen Kategorien wurden dann drei Dummy-Variablen gebildet, die drei zentrale Lebenssituationen abbilden: 14-25 Jahre (13 Prozent der Befragten), 26-60 Jahre (62 Prozent der Befragten), 60 Jahre und älter (25 Prozent der Befragten).

Schulabschluß:

Volksschule/Hauptschule ohne abgeschlossene Lehre, Volksschule/Hauptschule mit abgeschlossener Lehre, weiterführende Schule ohne Abitur, Abitur/Hochschulreife, Studium; jeweils mit den Werten 1 bis 5 codiert und als metrisch behandelt.

Persönliches Haushaltsnettoeinkommen:

Frage: „Wie hoch ist Ihr eigenes Netto-Einkommen? Ich meine, was haben Sie monatlich netto nach Abzug von Steuern und Sozialversicherungen? Hier ist eine Liste; Sie brauchen mir nur den betreffenden Buchstaben zu nennen." Liste: von „bis zu 500 DM" in 500-DM-Intervallen bis „6.000 DM und mehr"; insgesamt12 Stufen und als metrisch behandelt.

Beschäftigungsstatus:

Aus 14 Angaben zum Beschäftigungsverhältnis wurde eine Dummy-Variable gebildet: beschäftigt = 1 (voll/teilweise berufstätig, Lehrling, Schüler, Student, in Umschulung, Zivil-/Wehrdienst), nicht beschäftigt = 0 (vorübergehend arbeitslos, Rentner/Pensionär, nicht berufstätig, aber früher gewesen bzw. noch nie gewesen).

Anpassungsverhalten:

Das Statement „Ich versuche bewußt anders zu sein als andere" geht als Persönlichkeitsvariable zur Messung von Anpassungsverhalten in die Analyse ein. Die Variable ist auf einer sechsstufigen Skala mit den Werten 1 („trifft voll und ganz zu") bis 6 („trifft überhaupt nicht zu") codiert und wird in der Analyse als metrisch behandelt.

Einstellungen zur Medientechnik und zu neuen Medienentwicklungen:

Typ Visionär: Für eine offene Haltung zu neuen Medienentwicklungen wurde aus vier Items ein Summenindex gebildet, wobei jedes Item auf einer sechsstufigen Skala mit den Werten 1 „trifft voll und ganz zu" bis 6 „trifft überhaupt nicht zu" codiert ist (Reliabiltät: Alpha = 0,741):

- Online-Dienste übernehmen zunehmend Funktionen und Aufgaben von Institutionen wie z.B. Banken und Reisebüros.
- Wer sich den Kommunikationsmöglichkeiten des Internet verweigert, wird schon in wenigen Jahren nicht mehr in der Gesellschaft mithalten können.
- Ich kann mir gut vorstellen, in der Zukunft Einkäufe und Geschäfte über den Computer zu erledigen.

- Das Internet und Online-Dienste werden sich wie das Radio und das Fernsehen verbreiten.

Typ Überforderter: Für eine ängstliche, restriktive Haltung zu neuen Medienentwicklungen wurde aus drei Items ein Summenindex gebildet (Reliabiltät: Alpha = 0,632):

- Die Informationsflut, die tagtäglich auf einen hereinbricht, überfordert mich oft.
- Ich finde die vielen Fernsehprogramme verwirrend.
- Videorekorder oder Computer sind oft so kompliziert, daß man sie kaum bedienen kann.

Interessen und inhaltliche Präferenzen:

Frage: „Ich habe hier eine Liste mit verschiedenen Themen. Bitte sagen Sie mir für jedes Thema, wie interessant es für Sie ganz allgemein gesprochen ist. Bitte vergeben Sie hierzu Zahlen von 1 bis 6, wobei 1 heißt „ist für mich sehr interessant" und 6 bedeutet „ist für mich überhaupt nicht interessant". Mit den Werten dazwischen können Sie Ihre Meinung abstufen."

Vorlieben für bestimmte Inhalte:

Anhand einer Faktorenanalyse wurden die 24 lokalen und globalen Interessenbereiche aus KomRegio zu sechs gut interpretierbaren Interessenbündeln zusammengefaßt, die 65 Prozent der Varianz erklären. Mit der folgenden Benennung der Faktoren versuche ich, die inhalt-lichen Gemeinsamkeiten „sprechend" darzustellen (in Klammern stehen jeweils die Einzelbestandteile der Faktoren im Original):

1. *Lokale Themen* (Dieser Interessenbereich bündelt ausschließlich lokale Themen: „Berichte über Unglücke und Schicksalsfälle hier am Ort", „Berichte über die Kriminalität und Sicherheit am Ort", „Berichte über Umweltprobleme hier vor Ort", „Berichte und Ratschläge zur Arbeitswelt, zu Arbeitslosigkeit und Arbeitsplatzsicherung hier am Ort", „Verkehrsprobleme, Straßenbau, Verkehrsverbindungen", „Aktuelles aus der Gemeinde und Stadtverwaltung, also z.B. Sitzungen, Vorhaben, Bekanntmachungen", „Informationen zu Einkaufsmöglichkeiten und Sonderangeboten")

2. *Lebensfragen* (Dieser Themenbereich umfaßt keine lokalen Interessenbereiche, sondern nur die globalen Themen „Liebe und Partnerschaft“, „Wohnen und Einrichten“, „Urlaub und Reisen“ und „Prominente und ihre Schicksale“)
3. *Weltgeschehen* (Auch hier werden nur globale Interessenbereiche gebündelt: „Politik“, „Wirtschaft“, „Geldanlagen und Finanzen“)
4. *Freizeit* (Dieser Interessenfaktor bündelt „Sport“, „Örtliche Vereine aller Art stellen sich vor, Vereinsaktivitäten“, „Tips für die Freizeitgestaltung hier am Ort“, „Lokale Sportveranstaltungen und Sportangebote“; hier sind lokale und globale Interessen gemischt)
5. *Beruf* („Ausbildung und Beruf“, „PC, Computer und Computerfragen“, „Informationen über berufliche Weiterbildungsmöglichkeiten hier am Ort“; hier sind thematisch ähnliche Interessen aus dem lokalen und globalen Themenbereich ebenfalls vermischt)
6. *Umwelt und Kultur* (Ein weiterer Interessenfaktor ohne lokale Themen: „Gesundheit und Medizin“, „Kunst und Kultur“, „Umwelt, Natur“)

Interessenfragmentierung (Abweichung vom durchschnittlichen Interessengefüge):

Über alle 24 Themen wurde die Differenz der individuellen Präferenz vom Interessengrad aller Befragten im Durchschnitt aufsummiert und z-transformiert. Es handelt sich um ein Abstandsmaß, bei dem der Populationsschnitt einen Nullpunkt darstellt und die Ungleichheit mit zunehmendem Abstand zu diesem wächst.

Umfang und Vielfalt der Interessen (Interessenbandbreite):

Hier wurde ein Index gebildet, der für jeden Befragten über alle 24 Themen zählt, ob er sich jeweils für das Thema interessiert. Als Interesse wurde codiert, wenn der Befragte auf der sechsstufigen Skala die Skalenpunkte eins bis drei angegeben hat. Der Index rangiert damit zwischen null und 24.

Regionale/lokale Verbundenheit:

Die beiden Variablen zur Messung der Verbundenheit mit der Region und der Verbundenheit mit dem Stadtteil oder der Wohngegend wurden zu einem Summenindex zusammengefaßt (Reliabilität: Alpha = 0,883). Frage: „Man spricht ja manchmal davon, daß man sich (in) einer Region besonders verbunden und zuhause fühlt. Wie ist das bei Ihnen? Fühlen Sie sich mit der Gegend hier sehr verbunden oder überhaupt nicht verbunden? Bitte vergeben Sie Werte von 1 bis 6, wobei 1 heißt „fühle mich sehr verbunden“ und 6 bedeutet „fühle mich überhaupt nicht verbunden“. Mit den Werten dazwischen können Sie Ihre Meinung abstufen.“

Wichtigkeit von lokalem Geschehen/ von Geschehen im Umkreis von 50 km / im Bundesland / in Deutschland / im Ausland:

Frage: „Einmal ganz allgemein gesprochen. Wie wichtig ist es Ihnen, über das Geschehen und über Ereignisse hier am Ort, im Umkreis von 50 km, in Ihrem Bundesland, in Deutschland oder aber auch im Ausland auf dem laufenden zu sein. Bitte vergeben Sie Zahlen von 1 bis 6, wobei 1 heißt „ist mir sehr wichtig“ und 6 bedeutet „ist mir überhaupt nicht wichtig“. Mit den Werten dazwischen können Sie Ihre Meinung abstufen“. Die fünf räumlich dimensionierten Antwortvorgaben wurden anhand ihrer Skalen umkodiert und gehen als Einzelvariablen in die Analyse ein. Es erwies sich nach Zusatzanalysen methodisch und inhaltlich als nicht sinnvoll, sie in die Interessenbündel von Indikator 1 zu integrieren oder sie als Index zu verknüpfen.

Selektivitätsgrad:

Typ Zufall: Für eine *wenig selektive, eher spontane, zufallsgesteuerte Mediennutzung* wurde ein Summenindex aus den folgenden vier Items gebildet (Reliabiltät: Alpha = 0,712):

- Meist zappe ich durch das Fernsehprogramm und springe zwischen den einzelnen Sendern hin und her.
- Ich schalte häufig zwischen zwei Sendungen im Fernsehen hin und her.
- Ich sitze manchmal vor dem Fernsehapparat und schaue eine Sendung an, die mich eigentlich gar nicht so sehr interessiert.
- In der Zeitung lese ich meist nur den Anfang oder Vorspann von Artikeln.

Typ Planer: Für eine *hochselektive, gezielte, geplante Mediennutzung* wurde ein Summenindex aus den folgenden fünf Items gebildet (Reliabiltät: Alpha = 0,605):

- Bei der Suche nach den Informationen, die mich interessieren, gehe ich meistens nach dem gleichen Schema vor.
- Wenn ich mich über das Freizeitangebot hier in der Gegend orientieren möchte, weiß ich immer sehr schnell, wo ich mir die nötige Information beschaffen kann.
- Ich nutze ganz gezielt einzelne Teile in der Tageszeitung, um mich auf dem Laufenden zu halten.
- Über das tägliche Fernsehprogramm informiere ich mich regelmäßig durch eine Fernsehprogrammzeitschrift.
- Im Fernsehen sehe ich mir bestimmte Sendungen ganz gezielt an.

Freizeitaktivitäten:

Bei der Erhebung von Freizeitaktivitäten wurde in KomRegio bewußt auf die Abfrage von Tätigkeiten der Mediennutzung verzichtet, mit Ausnahme der Nutzung von Speichermedien („Schallplatte, Kassette, CD hören") und Video- bzw. Computerspielen. Diese sind jedoch für die Fragmentierung nicht relevant, da sie keine aktuelle Information transportieren. Dadurch können die Freizeitaktivitäten als Rahmenfaktoren der Fragmentierung in die Analyse eingehen, ohne tautologische Befunde zu produzieren, indem Mediennutzung (abhängige Variable) durch Mediennutzung (unabhängige Variable) erklärt würde.

Eine Faktorenanalyse über die 20 Freizeitmöglichkeiten in KomRegio legt nahe, fünf Faktoren zu bilden, die zusammen 56 Prozent der Varianz erklären. Mit der folgenden Benennung der Faktoren habe ich versucht, die inhaltlichen Gemeinsamkeiten „sprechend" darzustellen (in Klammern stehen jeweils die Einzelbestandteile der Faktoren im Original):

1. *Action* (in die Disco / ins Tanzlokal gehen, Video- oder Computerspiele machen, Pop- / Rock- / Jazzkonzerte / Kleinkunstveranstaltungen besuchen, Sport / Fitness betreiben, etwas für die Bildung tun, z.B. Weiterbildungskurse besuchen, Schallplatte, Kassette, CD hören)

2. *Kultur* (ins Theater / Oper / Konzert gehen, Museum / Ausstellung / Galerie besuchen, in die Bücherei / Bibliothek / Buchhandlung gehen, Reisen, sich künstlerisch betätigen, z.B. malen, musizieren)
3. *Outdoor* (Auto- / Motorradfahren, in ein Restaurant / eine Kneipe gehen, zu Sportveranstaltungen gehen)
4. *Geselligkeit* (einen Einkaufsbummel machen, etwas mit der Familie unternehmen, sich mit Freunden / Bekannten treffen / Besuche machen)
5. *Engagement* (in einem Verein / Verband mitarbeiten, in die Kirche gehen / sich mit Religion beschäftigen, nichts tun / sich ausruhen[106])

Expertentum:

Nachdem eine separate Analyse ergab, daß es sich bei den Ratfragern und Ratgebern nicht um ein und dieselben Personen handelt, wurden beide Variablen getrennt in die Analyse aufgenommen. Als Maßstab für Expertentum sind damit in KomRegio folgende Variablen relevant:

- Ratgeber (Frage: „Einmal ganz allgemein gesehen. Wie häufig werden Sie - im privaten Bereich oder im Beruf - von anderen um Ihren Rat oder um Ihre Meinung gefragt?“ Antwortvorgaben: „täglich/fast täglich“, „mehrmals in der Woche“, „mehrmals im Monat“, „einmal im Monat“, „mehrmals im Jahr“, „seltener“, „nie“)
- Ratfrager/-nehmer (Frage: „Und umgekehrt? Wie häufig fragen Sie – im privaten Bereich oder im Beruf – andere um Rat oder um deren Meinung?“, Antwortskala vgl. Ratgeber)
- Expertenstatus (Frage: „Gibt es Themen im privaten Bereich, für die Sie bei anderen als Experte gelten?“ Dummy-Variable: ja = 1, nein = 0)

Publikumsbeteiligung:

In KomRegio habe ich für diese Determinante eine spezielle Frage gebildet und daraus einen Indikator entwickelt, indem jede Nennung der folgenden Vorgaben als +1 gewertet und zu einem Index addiert wurde.

106 Das Item „nichts tun / sich ausruhen“ verträgt sich begrifflich nicht mit dem Faktornamen „Engagement“, weist jedoch eine hohe Faktorladung auf, was die Zuordnung sinnvoll erscheinen läßt.

Je mehr dieser Angaben zutreffen, desto größer ist der Beteiligungsgrad eines Rezipienten:

Ich habe schon einmal...

- einen Leserbrief geschrieben
- einen Radiosender angerufen/angeschrieben (z.B. Infos angefordert)
- einen Fernsehsender angerufen/angeschrieben
- die Internetseiten eines Radio- oder Fernsehsenders oder einer Zeitung angeschaut
- per Tele-Shopping bestellt
- an einer Leser-, Hörer- oder Zuschauerreise teilgenommen
- an Veranstaltungen von Zeitungen/Fernseh- oder Radiosendern teilgenommen (z.B. Vorträge, Parties oder Diskussionsrunden etc.)
- Mitglied im Club eines Radio- oder Fernsehsenders z.B. SWF/SDR-Club
- Buch/Video/CD-Rom zur Fernsehserie/zum Film gekauft
- Club-Zeitschrift eines Radio-/Fernsehsenders gelesen (z.B. SWF/SDR-Clubmagazin)
- an einem Gewinnspiel von Zeitung, Fernsehen oder Radio teilgenommen
- Bildungs- oder Fortbildungsangebote im Fernsehen genutzt (Tele-Learning)

Der themengebundene Fragmentierungsindex:

Zur Berechnung dieses Index wurden die drei Medien, die pro Interessengebiet jeweils angegeben werden konnten, in Dummy-Variablen umgewandelt, so daß das Nutzungsprofil einer einzelnen Person pro Interessengebiet eine Folge von 0/1-Werten über alle potentiell verfügbaren 15 Medienangebote darstellt. Die maximale Variation der Mediennutzung einer Person und damit die Bandbreite für Fragmentierung bewegt sich also zwischen den Werten 1 und 3, weil bis zu dreimal eine 0 oder eine 1 vergeben werden konnte. Um die Abweichung des individuellen Nutzungsprofils von der gesamten Interessengruppe zu berechnen, wurden die Variablen z-transformiert, anschließend die individuellen Werte für jedes Medienangebot vom jeweiligen Gesamtmittelwert subtrahiert und die Differenzen wieder aufsummiert.

Häufigkeit der interpersonalen Kommunikation über Medieninhalte:

Frage: „Wie häufig kommt es vor, daß Sie anderen etwas erzählen, von dem Sie in der Zeitung, im Fernsehen oder aus dem Radio erfahren haben?“ Antwortvorgaben: „täglich / fast täglich“, „mehrmals in der Woche“, „mehrmals im Monat“, „einmal im Monat“, „mehrmals im Jahr“, „seltener“, „nie“.

Dauer persönlicher Gespräche:

Frage: „Wenn Sie einmal an einen normalen Werktag (Montag bis Freitag) denken. Können Sie mir sagen, wieviel Zeit Sie für folgende Tätigkeiten aufwenden?“ Angabe zu „mich mit Personen aus meinem privaten Bereich persönlich oder auch am Telefon unterhalten“ in Minuten.

Persönliche Kontakte:

Frage: „Wenn Sie einmal an einen durchschnittlichen Wochentag (Montag bis Freitag) denken, mit wievielen Menschen unterhalten Sie sich da *in Ihrer Freizeit* – also zu Hause, am Telefon, beim Einkauf oder sonstwo – zumindest etwas länger, also nicht nur „Guten Tag“ oder „Auf Wiedersehen“?“ Antwort: Anzahl der Personen offen erhoben und als metrisch behandelt.

Anhang 2 Tabellen zu Kapitel 5.4

Im folgenden werden die Tabellen über die Determinanten der themengebundenen Fragmentierung aus *Kapitel 5.4* fortgesetzt. Dabei werden die Befunde in jeder Tabelle kurz kommentiert und bei den durch Faktorenanalysen gebildeten Determinanten und weiteren Indizes die darin gebündelten Items erläutert. Bei den Analysen für die globalen Interessenbereiche wurde jeweils die Variable „Bandbreite der Interessen" entfernt, weil sie die Multikollinearitätsprämisse verletzt. Bei den lokalen Interessengruppen war dies nicht notwendig.

Übersicht:

Globale Interessenbereiche und -gruppen

Lokale Interessenbereiche und -gruppen

Tabelle 1: Determinanten der Fragmentierung, Interessengruppe Gesundheit / Medizin

partielle Korrelationskoeffizienten (mindestens +/- .10)	
Soziodemographie	
Geschlecht	-.12
Haushaltsausstattung	
Zeitungsabonnement	-.10
Freizeitaktivitäten	
Kultur	.10

R-Quadrat = .09; p < .001
n = 1.218

Bei der Interessengruppe *Gesundheit und Medizin* spielt die Soziodemographie eine wichtige Rolle als Determinante der Fragmentierung (Tabelle 1): Der negative Zusammenhang besagt, daß Frauen weniger fragmentiert sind und sich homogener bei der Informationssuche zu diesem Thema verhalten als Männer. Das Abonnement einer Tageszeitung im Haushalt mindert ebenfalls die Fragmentierung. Und das Freizeitverhalten zeigt: Je häufiger Befragte dieser Gruppe kulturellen Freizeitaktivitäten nachgehen (ins Theater / Oper / Konzert gehen, Museum / Ausstellung / Galerie besuchen, in die Bücherei / Bibliothek / Buchhandlung gehen, reisen, sich künstlerisch betätigen), desto eher neigen sie zur Fragmentierung.

Die Determinanten beim Thema *Liebe und Partnerschaft* üben zusammengenommen den stärksten Einfluß auf die Fragmentierung einer Interessengruppe aus (R-Quadrat = .18). Tabelle 2 zeigt, daß Befragte mit einem Interesse an diesem Thema in ihrer themengebundenen Mediennutzung weniger voneinander abweichen, wenn sie es als wichtig erachten, über das Geschehen in Deutschland auf dem laufenden zu sein und wenn sie in ihrem Haushalt eine Tageszeitung abonniert haben.

Wenn sie sich dagegen für Weltgeschehen (Politik, Wirtschaft und Geldanlagen bzw. Finanzen) oder für den Interessenbereich Beruf (Ausbildung und Beruf, PC, Computer und Computerfragen, Informationen über berufliche Weiterbildungsmöglichkeiten hier am Ort) interessieren, wenn sie es als wichtig erachten, über das Geschehen im Bundesland auf dem Laufenden zu sein oder in ihrer Interessenstruktur von den anderen abweichen (Interessenfragmentierung), dann tendieren sie zu einer stärkeren Fragmentierung.

Tabelle 2: Determinanten der Fragmentierung, Interessengruppe Liebe und Partnerschaft

partielle Korrelationskoeffizienten (mindestens +/- .10)	
Interessen	
Beruf	.16
Wichtigkeit des Geschehens in Deutschland	-.12
Weltgeschehen	.11
Wichtigkeit des Geschehens im Bundesland	.10
Interessenfragmentierung	.10
Haushaltsausstattung	
Zeitungsabonnement	-.15

R-Quadrat = .18; p < .001
n = 606

Das Zeitungsabonnement mindert die Fragmentierung bei den Interessenten für *Sport* (Tabelle 3). Die Publikumsbeteiligung als Indikator für Aktivität im Medienumgang fördert die Abweichung vom durchschnittlichen Informationsverhalten.

Tabelle 3: Determinanten der Fragmentierung, Interessengruppe Sport

partielle Korrelationskoeffizienten (mindestens +/- .10)	
Publikumsbeteiligung	.10
Haushaltsausstattung	
Zeitungsabonnement	-.11

R-Quadrat = .14; p < .001
n = 855

Tabelle 4: Determinanten der Fragmentierung, Interessengruppe Urlaub und Reisen

partielle Korrelationskoeffizienten (mindestens +/- .10)	
Soziodemographie	
Schulabschluß	-.10
Haushaltsausstattung	
Satellitenempfang	-.11

R-Quadrat = .12; p < .001
n = 981

Beim Thema *Urlaub und Reisen* sind zwei Determinanten relevant (Tabelle 4). Je niedriger der Schulabschluß und je geringer damit der formale Bildungsgrad, desto geringer fällt die Fragmentierung beim Thema Urlaub und Reisen aus. In die gleiche Richtung weist der Satellitenempfang im Haushalt. Auch er mindert den Fragmentierungsgrad.

Die Informationssuche beim Thema *Geldanlagen und Finanzen* wird von zwei Determinanten bestimmt (Tabelle 5): dem Einkommen und der lokalen bzw. regionalen Verbundenheit. Beide Eigenschaften des Publikums stehen in einem negativen Zusammenhang mit der Fragmentierung. Je geringer das Einkommen, desto geringer der Fragmentierungsgrad bei diesem Thema. Und je eher sich die Befragten mit der Region und der Umgebung verbunden fühlen, desto weniger unterscheiden sie sich in ihrer Mediennutzung.

Tabelle 5: Determinanten der Fragmentierung, Interessengruppe Geldanlagen und Finanzen

partielle Korrelationskoeffizienten (mindestens +/- .10)	
Soziodemographie	
Einkommen	-.10
Interesse	
Regionale/lokale Verbundenheit	-.14

R-Quadrat = .12; p < .05
n = 642

Tabelle 6 zeigt: Eine ängstliche, restriktive Haltung zu neuen Medienentwicklungen (Typ Überforderter) fördert ein von den anderen abweichendes Informationsverhalten und erhöht damit den Fragmentierungsgrad in der Gruppe, die sich für Human Touch-Themen interessiert. In dieselbe Richtung geht die Interessenfragmentierung.

Tabelle 6: Determinanten der Fragmentierung, Interessengruppe Prominente und ihre Schicksale

partielle Korrelationskoeffizienten (mindestens +/- .10)	
Werte, Mentalität, Einstellungen	
Typ Überforderter	.10
Interesse	
Interessenfragmentierung	.12

R-Quadrat = .11; p < .05
n = 705

Tabelle 7: Determinanten der Fragmentierung, Interessengruppe Umwelt und Natur

partielle Korrelationskoeffizienten (mindestens +/- .10)	
Interessen	
Wichtigkeit des lokalen Geschehens	.10
Freizeitaktivitäten	
Kultur	.12

R-Quadrat = .10; p < .001
n = 945

Interessen und Freizeitaktivitäten sind die maßgeblichen Determinanten beim Thema *Umwelt und Natur* (Tabelle 7). Bei der Mediennutzung in diesem Interessenbereich fördern kulturelle Freizeitaktivitäten die Fragmentierung. Fördernd für die Fragmentierung ist auch die Einstellung, über lokales Geschehen auf dem laufenden bleiben zu müssen.

Tabelle 8: Determinanten der Fragmentierung, Interessengruppe Ausbildung und Beruf

partielle Korrelationskoeffizienten (mindestens +/- .10)	
Werte, Mentalität, Einstellungen	
Anpassungsverhalten	.10

R-Quadrat = .13; p < .05
n = 591

Bei der *Interessengruppe Ausbildung und Beruf* kann sich nur eine Determinante als statistisch erheblich durchsetzen: das Anpassungsverhalten (Tabelle 8). Wenn jemand in der Interessengruppe Ausbildung und Beruf versucht, bewußt anders zu sein als andere, neigt er eher zur Abweichung vom Durchschnittsprofil.

Das Thema *Vereinsangelegenheiten* weist vielfältige Determinanten auf (Tabelle 9): Verhalten sich Befragte in der Wahl ihrer Medien stark selektiv und planen ihre Mediennutzung bewußt, so sind sie bei diesem Themenbereich weniger fragmentiert. Sind die Befragten dagegen auch in ihrer Freizeit im Verein oder der Kirche engagiert (Engagement), unterscheiden sie sich eher in ihrer Mediennutzung zum Thema Vereine. In dieselbe Richtung weist das Interesse am Themenfeld Lebensfragen und die Publikumsbeteiligung. Und wenn Befragte der Altergruppe der 14- bis 25jährigen angehören, weichen sie in ihrer Mediennutzung rund um das Vereinsleben weniger von den anderen ab.

Tabelle 9: Determinanten der Fragmentierung, Interessengruppe Vereinsangelegenheiten[107]

partielle Korrelationskoeffizienten (mindestens +/- .10)	
Soziodemographie	
14-25 Jahre alt	-.10
Interessen	
Lebensfragen	.11
Selektivitätsgrad	
Typ Planer (hochselektiv)	-.10
Freizeitaktivitäten	
Engagement	.11
Publikumsbeteiligung	.11

R-Quadrat = .15; p < .001
n = 774

107 Der Themenbereich heißt: „Örtliche Vereine aller Art stellen sich vor, Vereinsaktivitäten".

Tabelle 10: Determinanten der Fragmentierung, Interessengruppe Umweltprobleme[108]

partielle Korrelationskoeffizienten (mindestens +/- .10)	
Soziodemographie	
Schulabschluß	-.10
Werte, Mentalität, Einstellungen	
Typ Überforderter	-.11
Haushaltsausstattung	
Zeitungsabonnement	-.19

R-Quadrat = .14; p < .001
n = 996

Befragte, die sich über *Umweltprobleme* vor Ort informieren wollen, neigen zu einem geringeren Fragmentierungsgrad, wenn sie einen niedrigen Schulabschluß auweisen, wenn sie eine Tageszeitung abonniert haben oder wenn sie sich angesichts der neuen Medienentwicklungen überfordert fühlen (Tabelle 10).

Beim Thema *Kriminalität und Sicherheit am Ort* kommt dem Tageszeitungsabonnement ein relativ hoher Einfluß auf die Fragmentierung zu (-.19), wie Tabelle 11 zeigt. Die Freizeitaktivitäten, hier als Engagement zusammengefaßt, und die Relevanz des Geschehens in Deutschland stehen demgegenüber als Determinanten dieser Interessengruppe eher zurück.

108 Der Themenbereich heißt: „Berichte über Umweltprobleme hier vor Ort".

Tabelle 11: Determinanten der Fragmentierung, Interessengruppe Kriminalität / Sicherheit[109]

partielle Korrelationskoeffizienten (mindestens +/- .10)	
Interessen	
Wichtigkeit des Geschehens in Deutschland	-.11
Haushaltsausstattung	
Zeitungsabonnement	-.19
Freizeitaktivitäten	
Engagement	.10

R-Quadrat = .12; p < .001
n = 1.147

Zwei Determinanten sind beim Thema *Unglücke und Schicksalsfälle vor Ort* relevant (Tabelle 12): das Interesse an beruflichen Themen fördert und das Tageszeitungsabonnement mindert die Fragmentierung.

109 Der Themenbereich heißt: „Berichte über die Kriminalität und Sicherheit am Ort".

Tabelle 12: Determinanten der Fragmentierung, Interessengruppe Unglücke / Schicksalsfälle[110]

partielle Korrelationskoeffizienten (mindestens +/- .10)	
Interessen	
Beruf	.12
Haushaltsausstattung	
Zeitungsabonnement	-.14

R-Quadrat = .12; p < .001
n = 1.136

Tabelle 13: Determinanten der Fragmentierung, Interessengruppe Lokalsport[111]

partielle Korrelationskoeffizienten (mindestens +/- .10)	
Werte, Mentalität, Einstellungen	
Typ Überforderter	-.18
Haushaltsausstattung	
Zeitungsabonnement	-.10

R-Quadrat = .12; p < .001
n = 764

110 Der Themenbereich heißt: „Berichte über Unglücke und Schicksalsfälle hier am Ort".

111 Der Themenbereich heißt: „Lokale Sportveranstaltungen und Sportangebote".

Beim Thema *Sportveranstaltungen und Sportangebote im lokalen Raum* ist das Tageszeitungsabonnement eine fragmentierungsmindernde Determinante von statistischer Relevanz (Tabelle 13). Einen wesentlich stärkeren Einfluß übt die Einstellung zu neuen Medienentwicklungen aus: Die ängstliche und restriktive Haltung zu neuen Medienentwicklungen (Typ Überforderter) mindert ein von den anderen abweichendes Informationsverhalten und verringert den Fragmentierungsgrad in der Gruppe, die sich für Lokalsport interessiert.

Tabelle 14: Determinanten der Fragmentierung, Interessengruppe Freizeitaktivitäten[112]

partielle Korrelationskoeffizienten (mindestens +/- .10)	
Sozialer Kontext	
Haushaltsgröße	-.10
Freizeitaktivitäten	
Kultur	.10

R-Quadrat = .08; p < .001
n = 1.244

In Tabelle 14 tritt die Haushaltsgröße als Determinante auf: Wenn es um die Information zum Thema *lokale Freizeitgestaltung* geht, sind Befragte in kleineren oder Single-Haushalten weniger fragmentiert in ihrer Mediennutzung. Wenn Befragte in ihrer Freizeit dagegen kulturell aktiv sind, weichen sie in ihrem Informationsverhalten über das lokale Freizeitangebot eher von der Interessengruppe ab.

112 Der Themenbereich heißt: „Tips für die Freizeitgestaltung hier am Ort“.

Tabelle 15: Determinanten der Fragmentierung, Interessengruppe Einkaufen[113]

partielle Korrelationskoeffizienten (mindestens +/- .10)	
Interessen	
Weltgeschehen	.10
Interessenfragmentierung	.11

R-Quadrat = .07; p < .001
n = 1.266

Bei der nach KomRegio größten Interessengruppe sind zwei Interessenvariablen als Determinanten relevant (Tabelle 15): das Interesse am Weltgeschehen (Politik, Wirtschaft und Geldanlagen bzw. Finanzen) und die Interessenfragmentierung. Beide fördern die Fragmentierung.

Tabelle 16: Determinanten der Fragmentierung, Interessengruppe Verkehr[114]

partielle Korrelationskoeffizienten (mindestens +/- .10)	
Interessen	
Wichtigkeit des Geschehens in Deutschland	.10

R-Quadrat = .12; p < .001
n = 764

113 Der Themenbereich heißt: „Informationen zu Einkaufsmöglichkeiten und Sonderangeboten".

114 Der Themenbereich heißt: „Verkehrsprobleme, Straßenbau, Verkehrsverbindungen vor Ort".

Nur eine Determinante aus dem Interessenbereich spielt beim Thema *Verkehr und Straße* eine Rolle, die Wichtigkeit des Geschehens in Deutschland (Tabelle 16). Wenn es jemand für wichtig hält, über dieses Geschehen auf dem laufenden zu bleiben, so weicht er in seinem Informationsverhalten zum Thema Verkehr und Straße weniger vom durchschnittlichen Mediennutzungsverhalten dieser Interessengruppe ab.

Literatur

Abercrombie, N. & Longhurst, B. (1998). *Audiences: A sociological theory of performance and imagination.* London: Sage.

ARD/ZDF-Arbeitsgruppe Multimedia. (1999). ARD/ZDF-Online-Studie 1999: Wird Online Alltagsmedium? Nutzung von Onlinemedien in Deutschland. *Media Perspektiven, o. Jg.* (8), 401-414.

Backhaus, K, Erichsen, B., Plinke, W. & Weiber, R. (1996). *Multivariate Analysemethoden. Eine anwendungsorientierte Einführung* (8. Auflage). Berlin u.a.: Springer.

Baldauf, M. & Klingler, W. (1994). Hörfunk – Stabile Nutzung bei wachsendem Angebot. Media-Analyse 1994. *Media Perspektiven, o. Jg.* (8), 409-418.

Beck, K. (2000). Zum Beispiel Doku-Soap: Steuerung von Aufmerksamkeit. *Aviso* (Information aus der Deutschen Gesellschaft für Publizistik und Kommunikationswissenschaft), 27, 16.

Beck, U. (1983). Jenseits von Stand und Klasse? Soziale Ungleichheit, gesellschaftliche Individualisierungsprozesse und die Entstehung neuer sozialer Formationen und Identitäten. In R. Kreckel (Hrsg.), *Zur Theorie sozialer Ungleichheiten* (Sonderband 2 der Sozialen Welt) (S. 35-74). Göttingen: Schwartz & Co.

Beck, U. (1986). *Risikogesellschaft. Auf dem Weg in eine andere Moderne* (1. Auflage). Frankfurt am Main: Suhrkamp Verlag.

Beck, U. & Beck-Gernsheim, E. (1993). Nicht Autonomie, sondern Bastelbiographie. Anmerkungen zur Individualisierungsdiskussion am Beispiel des Aufsatzes von Günther Burkart. *Zeitschrift für Soziologie, 22,* 178-187.

Beck, U. & Sopp, P. (Hrsg.) (1997). *Individualisierung und Integration. Neue Konfliktlinien und neuer Integrationsmodus?* Opladen: Leske und Budrich.

Becker, J. (1994). Die Einfalt in der Vielfalt. Standardisierte Massenkommunikation als Problem der politischen Kultur. *Aus Politik und Zeitgeschichte* (Beilage zur Wochenzeitung Das Parlament), B 39, S. 21-28.

Becker, J. (1998). Massenkommunikation und individuelle Selbstbestimmung. Zur Entregelung staatlich-technischer Informationsprozesse. *Aus Politik und Zeitgeschichte* (Beilage zur Wochenzeitung Das Parlament), B 40, S. 3-12.

Becker, L.B. & Schönbach, K. (1989). When media content diversifies: Anticipating audience behaviors. In L. B. Becker & K. Schönbach (Hrsg.), *Audience responses to media diversification: Coping with plenty* (S. 1-27). Hillsdale, New Jersey: Lawrence Erlbaum Associates.

Berens, H., Kiefer, M.-L. & Meder, A. (1997). Spezialisierung der Mediennutzung im dualen Rundfunksystem. Sonderauswertung zur Langzeitstudie Massenkommunikation. *Media Perspektiven, o. Jg.* (2), 80-91.

Berg, K. & Kiefer, M.-L. (Hrsg.) (1982). *Massenkommunikation II. Eine Langzeitstudie zur Mediennutzung und Medienbewertung 1964-1980* (Schriftenreihe Media Perspektiven Band 2). Frankfurt am Main: Alfred Metzner.

Berg, K. & Kiefer, M.-L. (Hrsg.) (1987). *Massenkommunikation III. Eine Langzeitstudie zur Mediennutzung und Medienbewertung 1964-1985* (Schriftenreihe Media Perspektiven Band 9). Frankfurt am Main: Alfred Metzner.

Berg, K. & Kiefer, M.-L. (Hrsg.) (1992). *Massenkommunikation IV. Eine Langzeitstudie zur Mediennutzung und Medienbewertung 1964-1990* (Schriftenreihe Media Perspektiven Band 12). Baden-Baden: Nomos.

Berg, K. & Kiefer, M.-L. (Hrsg.) (1996). *Massenkommunikation V. Eine Langzeitstudie zur Mediennutzung und Medienbewertung 1964-1995* (Schriftenreihe Media Perspektiven Band 14). Baden-Baden: Nomos.

Berghaus, M. (1994). Multimedia-Zukunft. Herausforderungen für die Medien- und Kommunikationswissenschaft. *Rundfunk und Fernsehen, 42*(3), 404-412.

Berghaus, M. (1997). Was macht Multimedia mit Menschen, machen Menschen mit Multimedia? Sieben Thesen und ein Fazit. In P. Ludes & A. Werner (Hrsg.), *Multimedia-Kommunikation. Theorien, Trends und Praxis* (S. 73-86). Opladen: Westdeutscher Verlag.

Bild. (Hrsg.) (1996). *Quo vadis Mensch? Eine Untersuchung von Prognos und Bild.* Hamburg.

Bild. (Hrsg.) (1998). *Quo vadis Mediennutzung? Eine Untersuchung von Prognos und Bild.* Hamburg.

Blau, P.M. (1977). *Inequality and heterogeneity: A primitive theory of social structure.* New York: Free Press.

Blumler, J.G. (1997). Wandel des Mediensystems und sozialer Wandel: Auf dem Weg zu einem Forschungsprogramm. *Publizistik, 42,* S. 16-36.

Böckelmann, F. (1999). *Hörfunk in Deutschland: Rahmenbedingungen und Wettbewerbssituation; eine Studie.* Berlin: Vistas.

Bonfadelli, H. (1994). *Die Wissenskluft-Perspektive. Massenmedien und gesellschaftliche Information.* Konstanz: Ölschläger.

Bonfadelli, H. & Hättenschwiler, W. (1989). Switzerland: A multilingual culture tries to keep its identity. In L. B. Becker & K. Schönbach (Hrsg.), *Audience responses to media diversification: Coping with plenty* (133-157). Hillsdale, New Jersey: Lawrence Erlbaum Associates.

Brosius, G. & Brosius, F. (1998). *SPSS. Base System und Professional Statistics (2. unveränderter Nachdruck 1998).* Bonn, Albany u.a.: International Thomson Publishing GmbH.

Brosius, H.-B. (1994). Agenda-Setting nach 25 Jahren. Forschungsaktivität: Methodischer und theoretischer Stillstand? *Publizistik, 39,* 269-288.

Brosius, H.-B. (1997). Multimedia und digitales Fernsehen: Ist eine Neuausrichtung kommunikationswissenschaftlicher Forschung notwendig? *Publizistik, 42,* 37-45, 90-96.

Brosius, H.-B. (1998). Informationsrezeption – gestern, heute, morgen. In W. Klingler, G. Roters & M. Gerhards (Hrsg.), *Medienrezeption seit 1945. Forschungsbilanz und Forschungsperspektiven* (S. 223-235). Baden-Baden: Nomos.

Bruns, T & Marcinkowski, F. (1996). Konvergenz Revisited. Neue Befunde zu einer älteren Diskussion. *Rundfunk und Fernsehen, 44,* 461-478.

Charlton, M. & Klemm, M. (1998). Fernsehen und Anschlußkommunikation. In W. Klingler, G. Roters & O. Zöllner (Hrsg.), *Fernsehforschung in Deutschland. Themen – Akteure* – Methoden (Südwestrundfunk Schriftenreihe Medienforschung Band 1) (S. 710-727). Baden-Baden: Nomos.

Checketts, P. (1993). Früher als wir denken. Die Fragmentierung des internationalen TV-Marktes: Vom ‚New Culture Network' zum ‚Military Channel'. *Agenda—Zeitschrift für Medien, Bildung, Kultur, 16*(9), S. 58-61.

Cuilenburg, J. van (1998). Access and diversity in communications and information: Some remarks on communications policy in the information age. In J. van Cuilenburg & S. Zwier (Hrsg.), *Proceedings of the Ascor opening conference 1997* (S. 69-82). Amsterdam: Het Spinhuis.

Dahm, H., Rössler, P. & Schenk, M. (1998). *Vom Zuschauer zum Anwender: Akzeptanz und Folgen digitaler Fernsehdienste.* Münster: LIT.

Darschin, W. (1998). Fernsehgewohnheiten und Programmbewertungen nach der Dualisierung des deutschen Rundfunksystems. In W. Klingler, G. Roters & O. Zöllner (Hrsg.), *Fernsehforschung in Deutschland. Themen – Akteure – Methoden* (Südwestrundfunk Schriftenreihe Medienforschung Band 1) (S. 31-47). Baden-Baden: Nomos.

Darschin, W. (1999). Tendenzen im Zuschauerverhalten. Fernsehgewohnheiten und Programmbewertungen 1998. *Media Perspektiven, o. Jg.* (4), 154-166.

Darschin, W. & Frank, B. (1998). Tendenzen im Zuschauerverhalten. Fernsehgewohnheiten und Programmbewertungen 1997. *Media Perspektiven, o. Jg.* (4), 154-166.

Das Fernsehgerät wird den PC bald als Internet-Zugang verdrängen (1999, 9.4.). *Frankfurter Allgemeine Zeitung (FAZ),* S. 17.

Debus, M. (1994). Segmentierung der Zielgruppen. *Media Perspektiven, o. Jg.* (6), 286-296.

DeFleur, M.L. (1979). *Theories in mass communication.* New York: David McKay.

Die TV-Bilanz 1999 im Überblick. (2000). *Medienspiegel, 24*(24), S. 8.

Dominick, J.R. (1987). *The dynamics of mass communication* (2. Auflage). New York.

Donsbach, W. (1998). Mediennutzung in der Informationsgesellschaft. In W.A. Mahle (Hrsg.), *Kultur in der Informationsgesellschaft* (S. 25-36). Konstanz: UVK Medien.

Drees, N. (1998). Globalisierung, Fragmentierung, Polarisierung – Perspektiven für die Kommunikation. *Werbeforschung & Praxis (Werbewissenschaftliche Gesellschaften Bonn/Wien),* 3-4, 1-2.

Drosdowski, G. (Hrsg.) (1982). *Duden „Fremdwörterbuch"* (4. Auflage). Mannheim, Wien, Zürich: Dudenverlag.

Drosdowski, G. (Hrsg.) (1984). *Schülerduden „Fremdwörterbuch": Herkunft und Bedeutung der Fremdwörter* (2. überarbeitete Auflage). Mannheim, Wien, Zürich: Dudenverlag.

Eimeren, B. van & Maier-Lesch, B. (1997). Mediennutzung und Freizeitgestaltung von Jugendlichen. *Media Perspektiven, o. Jg.* (11), 590-603.

Eimeren, B. van & Oehmichen, E. (1999). Mediennutzung von Frauen und Männern. Daten zur geschlechtsspezifischen Nutzung von Hörfunk, Fernsehen, Internet/Online 1998. *Media Perspektiven, o. Jg.* (4), 187-201.

Etymologisches Wörterbuch des Deutschen A-G. (1989). Berlin: Akademie-Verlag.

European Communication Council (Hrsg.) (1999). *Internetökonomie (European Communication Council Report).* Berlin: Springer.

Franz, G., Klingler, W. & Jäger, N. (1991). Die Entwicklung der Radionutzung 1968 bis 1990. *Media Perspektiven, o. Jg.* (6), 400-409.

Franzmann, G. & Wagner, M. (1999). Heterogenitätsindizes zur Messung der Pluralität von Lebensformen und ihre Berechnung in SPSS. *ZA-Information, 44,* 75-95.

Früh, W. & Schönbach, K. (1982). Der dynamisch-transaktionale Ansatz. Ein neues Paradigma der Medienwirkung. *Publizistik, 27,* 74-88.

Gärtner, H.-D., Holicki, S. & Mathes, R. (1994). Das vertraute Medium: Nutzung und Bewertung der Tageszeitung im Zehnjahresvergleich. In O. Jarren (Hrsg.), *Medienwandel – Gesellschaftswandel? 10 Jahre dualer Rundfunk in Deutschland. Eine Bilanz* (S. 197-217). Berlin: Vistas.

Gauron, A. (1998). Das digitale Zeitalter. In S. Bollmann (Hrsg.), *Kursbuch Neue Medien. Trends in Wirtschaft und Politik, Wissenschaft und Kultur* (S. 24-41). Reinbek bei Hamburg: Rowohlt.

Gerbner, G., Gross, L., Morgan, M. & Signorelli, N. (1994). Growing up with television: The cultivation perspective. In J. Bryant & D. Zillmann (Hrsg.), *Media Effects. Advances in theory and research* (S. 17-42). Hillsdale, New Jersey: Lawrence Erlbaum Associates.

Gerhards, J. (1998). Konzeption von Öffentlichkeit unter heutigen Medienbedingungen. In O. Jarren & F. Krotz (Hrsg.), *Öffentlichkeit unter Viel-Kanal-Bedingungen* (S. 25-48). Baden-Baden, Hamburg: Nomos.

Gerhards, M., Grajczyk, A., Klingler, W. (1999). Programmangebote und Spartennutzung im Fernsehen 1998. Eine Analyse auf Basis der GfK-Sendungscodierung. *Media Perspektiven, o. Jg.* (8), 390-400.

Gleich, U. (1996). Neuere Ansätze zur Erklärung von Publikumsverhalten: Befunde, Defizite und Chancen der Publikumsforschung. *Media Perspektiven, o. Jg.* (11), 554-561.

Goertz, L. (1997). Perspektiven der Rezeptionsforschung. In H. Scherer & H.-B. Brosius (Hrsg.), *Zielgruppen, Publikumssegmente, Nutzergruppen. Beiträge aus der Rezeptionsforschung* (S. 9-28). München: Reinhard Fischer.

Groebel, J. (1995). Zukunftsformel: Cross-over. Werbung überschreitet die Mediengrenzen in Richtung Interaktion und Integration. In Burda Anzeigen Center (Hrsg.), *Neue Erkenntnisse der Print- und TV-Forschung* (S. 159-164). Offenburg: Burda Medien.

Groebel, J. & Gleich, U. (1989). Selektive Mediennutzung: Ein Überblick über ausgewählte Forschungsergebnisse (ARD-Forschungsdienst). *Media Perspektiven, o. Jg.* (2), 106-109.

Hajek, J. (1981). *Sampling from a finite population.* New York, Basel: Marcel Dekker.

Handel, U. (1998). Innovationen in der Nische. Im Südwesten senden acht nichtkommerzielle Radios. *Connex – Infomagazin für Bürgermedien,* 1, S. 12.

Handel, U. (1999). Bildung und Medien in der Region – Befunde aus KomRegio. In Medienpädagogischer Forschungsverbund Südwest & Zeitungs Marketing Gesellschaft (Hrsg.), *Medien in der Region – Angebot, Nutzung und Zukunftsperspektiven: Erste Befunde aus „KomRegio"* (Berichtsband zur Fachtagung in Ludwigshafen). Stuttgart.

Handel, U. & Kutteroff, A. (1997). Radio Highway – Hörfunk auf dem Weg ins nächste Jahrtausend. *Bertelsmann Briefe,* 137, S. 9-12.

Handel, U. & Kutteroff A. (1998). Wenn Unternehmen Fernsehen machen: Business TV im Regionalfernsehen Baden-Württemberg. In W. Klingler, G. Roters & O. Zöllner (Hrsg.), *Fernsehforschung in Deutschland. Themen – Akteure – Methoden* (Südwestrundfunk Schriftenreihe Medienforschung Band 1) (S. 471-490). Baden-Baden: Nomos.

Handel, U. & Hippler, H.-J. (1998). Regionale Kommunikationsstrukturen im Wandel? In: Medienpädagogischer Forschungsverbund Südwest (Hrsg.), *Zeitenwende? Zukunftsperspektiven in der Informationsgesellschaft* (S. 19-33). Baden-Baden: Nomos.

Handel, U. & Sackermann-Enskat, M. (1998). Professionalität nimmt zu. Interview mit Dr. Thomas Hirschle, Präsident der LfK Baden-Württemberg. *Connex – Infomagazin für Bürgermedien,* 1, S. 13.

Handel, U. & Scherer, F. (1998). „Firmen TV weiter entwickeln". Ein Pluspunkt für Unternehmen und Fernsehveranstalter. *Media Spectrum,* 10, 29-34.

Handel, U. & Kutteroff, A. (1999). Die Stärke liegt in der Nähe. Ballungsraumfernsehen: Eine Untersuchung und drei Antworten auf drei Fragen. In Arbeitsgemeinschaft der Landesmedienanstalten in der Bundesrepublik Deutschland – ALM (Hrsg.), *Programmbericht zur Lage und Entwicklung des Fernsehens in Deutschland 1998/99* (S. 152-158). Berlin: Ullstein.

Handel, U., Rathgeb, T. & Scherer, F. (1999). *Bericht über das Erprobungsprojekt für Mediendienste und rundfunkähnliche Kommunikationsdienste* (Informationsbroschüre der Landesanstalt für Kommunikation Baden-Württemberg – LfK). Stuttgart.

Hans-Bredow-Institut für Rundfunk und Fernsehen. (Hrsg.) (1996). *Forschungsfragen im Zusammenhang mit der Einführung des digitalen Fernsehens. Ergebnisse des Workshops am 6.12.1996 im Hans-Bredow-Institut.* Hamburg: Unveröffentlichtes Manuskript.

Hasebrink, U. (1994). Das Publikum zerstreut sich. Zur Entwicklung der Fernsehnutzung. In O. Jarren (Hrsg.), *Medienwandel – Gesellschaftswandel? 10 Jahre dualer Rundfunk in Deutschland. Eine Bilanz* (S. 265-287). Berlin: Vistas.

Hasebrink, U. (1997). "Ich bin viele Zielgruppen". In H. Scherer & H.-B. Brosius (Hrsg.), *Zielgruppen, Publikumssegmente, Nutzergruppen. Beiträge aus der Rezeptionsforschung* (S. 262-280). München: Reinhard Fischer.

Hasebrink, U. (1998). Politikvermittlung im Zeichen individualisierter Mediennutzung. Zur Informations- und Unterhaltungsorientierung des Publikums. In U. Sarcinelli (Hrsg.), *Politikvermittlung und Demokratie in der Mediengesellschaft. Beiträge zur politischen Kommunikationskultur* (S. 345-367). Opladen, Wiesbaden: Westdeutscher Verlag.

Hasebrink, U. (1999). Woran lassen sich Individualisierung und Integration in der Medienrezeption erkennen? In U. Hasebrink & P. Rössler (Hrsg.), *Medienrezeption zwischen Individualisierung und Integration* (S. 57-72). München: Fischer.

Hasebrink, U. & Krotz, F. (1993). Wie nutzen Zuschauer das Fernsehen? Konzept zur Analyse individuellen Nutzungsverhaltens anhand technischer Daten. *Media Perspektiven, o. Jg.* (11/12), 515-527.

Hasebrink, U. & Krotz, F. (Hrsg.) (1996). *Die Zuschauer als Fernsehregisseure? Zum Verständnis individueller Nutzungs- und Rezeptionsmuster* (Symposien des Hans-Bredow-Instituts Band 14). Baden-Baden, Hamburg: Nomos.

Herzog, R. (1998, 23. Mai). Stille Leidenschaft. Wichtig: eine selbstreflexive Auseinandersetzung. *epd medien,* 39, 4-7.

Hickethier, K. (1998). Rezeptionsgeschichte des Fernsehens - ein Überblick. In W. Klingler, G. Roters & M. Gerhards (Hrsg.), *Medienrezeption seit 1945. Forschungsbilanz und Forschungsperspektiven* (S. 113-137). Baden-Baden: Nomos.

Hoffmann, J. (1998). Glossar. In U. Sarcinelli (Hrsg.), *Politikvermittlung und Demokratie in der Mediengesellschaft* (S. 431-439). Opladen: Westdeutscher Verlag.

Hoffmann-Riem, W. (1997). Forschung zur Selbstverständigung der Mediengesellschaft. *Publizistik, 42,* S. 46-53.

Hoffmann-Riem, W. & Vesting, T. (1994). Ende der Massenkommunikation? Zum Strukturwandel der technischen Medien. *Media Perspektiven, o. Jg.* (8), 382-391.

Hohlfeld, R. (1998). Fernsehprogrammanalyse. Formen, Einsatzmöglichkeiten und Reichweite. In W. Klingler, G. Roters & O. Zöllner (Hrsg.), *Fernsehforschung in Deutschland. Themen – Akteure – Methoden* (Südwestrundfunk Schriftenreihe Medienforschung Band 1) (S. 197-224). Baden-Baden: Nomos.

Hohlfeld, R. & Gehrke, G. (1995). *Wege zur Analyse des Rundfunkwandels. Leistungsindikatoren und Funktionslogiken im dualen Fernsehsystem.* Opladen: Westdeutscher Verlag.

Holtz-Bacha, C. (1997). Das fragmentierte Medien-Publikum. Folgen für das politische System. *Aus Politik und Zeitgeschichte* (Beilage zur Wochenzeitung Das Parlament), B 42, S. 13-21.

Holtz-Bacha, C. & Peiser, W. (1999). Verlieren die Massenmedien ihre Integrationsfunktion? Eine empirische Analyse zu den Folgen der Fragmentierung des Medienpublikums. In U. Hasebrink & P. Rössler (Hrsg.), *Medienrezeption zwischen Individualisierung und Integration* (S. 41-53). München: Fischer.

Hummel, R. (1996). Integration als publizistische Aufgabe. Ansichten von Kommunikationswissenschaftlern und Medienmachern. In C. Mast (Hrsg.), *Markt – Macht – Medien. Publizistik zwischen gesellschaftlicher Verantwortung und ökonomischen Zielen* (Schriftenreihe der DGPuK Band 23) (S. 283-295). Konstanz: UVK Medien.

Illies, F. (2000). *Generation Golf. Eine Inspektion.* Berlin: Argon.

Inglehart, R. (1977). *The silent revolution. Changing values and political styles among Western publics.* Princeton, N.J: Princeton University Press.

IP Deutschland (Hrsg.) (1998). *Television 98. European key facts (5. Ausgabe).* Brüssel.

Jäckel, M. (1993). *Fernsehwanderungen. Eine empirische Untersuchung zum Zapping.* München: Reinhard Fischer.

Jäckel, M. (1996). *Wahlfreiheit in der Fernsehnutzung: eine soziologische Analyse zur Individualisierung der Massenkommunikation.* Opladen: Westdeutscher Verlag.

Jäckel, M. (1999). Individualisierung und Integration. Die Bedeutung von Medienangeboten. In U. Hasebrink & P. Rössler (Hrsg.), *Medienrezeption zwischen Individualisierung und Integration* (S. 11-19). München: Fischer.

Jarren, O. (1998). Digitaler Rundfunk und medienpolitische Regulierung. Einige Diskussionsbemerkungen. In O. Jarren & F. Krotz (Hrsg.), *Öffentlichkeit unter Viel-Kanal-Bedingungen* (S. 1-22). Baden-Baden, Hamburg: Nomos.

Jarren, O. (2000). Gesellschaftliche Integration durch Medien? Zur Begründung normativer Anforderungen an Medien. *Medien & Kommunikationswissenschaft, 48,* 22-41.

Jarren, O. & Krotz, F. (1998). Vorwort. In O. Jarren & F. Krotz (Hrsg.), *Öffentlichkeit unter Viel-Kanal-Bedingungen* (S. 7-8). Baden-Baden, Hamburg: Nomos.

Jung, H. (1998). Globalisierung, Fragmentierung, Polarisierung: Chancen für große Ideen, Umfeldorientierung und effiziente Werbung. *Werbeforschung & Praxis* (Werbewissenschaftliche Gesellschaften Bonn/Wien), 3-4, 11-15.

Kaase, M, Neidhardt, F. & Pfetsch, B. (1997). Medienforschung. *Publizistik, 42,* S. 1-2.

Kammann, U. (1999, 13. März). Medientekel? Medien, Politik, Inszenierung, Aufklärung: ein Mißverhältnis? *epd medien*, 18/19, 3-6.

Kamp, H.-C. (1998). Zukunft Online? Zur Nutzung von Print- und Online-Tageszeitungen im Vergleich. In I. Neverla (Hrsg.), *Das Netz-Medium* (S. 277-298). Opladen, Wiesbaden: Westdeutscher Verlag.

Kiefer, M.-L. (1992). Entwicklungstrends der Mediennutzung als Orientierungshilfe für aktuelle Planungsfragen. *Media Perspektiven, o. Jg.* (3), 188-198.

Kiefer, M.-L. (1996). Massenkommunikation 1995. Ergebnisse der siebten Welle der Langzeitstudie zur Mediennutzung und Medienbewertung. *Media Perspektiven, o. Jg.* (5), 234-248.

Kiefer, M.-L. (1997). Hörfunk: Dauergast zur Information und Unterhaltung. Sonderauswertungen zur Langzeitstudie Massenkommunikation. *Media Perspektiven, o. Jg.* (11), 612-618.

Kiefer, M.-L. (1998). Tendenzen und Wandlungen in der Presse-, Hörfunk- und Fernsehrezeption seit 1964. In W. Klingler, G. Roters & M. Gerhards (Hrsg.), *Medienrezeption seit 1945. Forschungsbilanz und Forschungsperspektiven* (S. 89-101). Baden-Baden: Nomos.

Kliment, T. (1997). Mediennutzung im Dickicht der Lebenswelt. Zum Verhältnis von Rezeptionsmustern und Publikumstypen. In H. Scherer & H.-B. Brosius (Hrsg.), *Zielgruppen, Publikumssegmente, Nutzergruppen. Beiträge aus der Rezeptionsforschung* (S. 206-237). München: Reinhard Fischer.

Klingler, W. (1998). Hörfunk und Hörfunknutzung seit 1945. In W. Klingler, G. Roters & M. Gerhards (Hrsg.), *Medienrezeption seit 1945. Forschungsbilanz und Forschungsperspektiven* (S. 114-124). Baden-Baden: Nomos.

Klingler, W. & Schaak, J. (1999). MA 99 – Hörfunk behauptet sich in der Medienkonkurrenz. Entwicklung und regionale Unterschiede der Hörfunknutzung in Deutschland. *Media Perspektiven, o. Jg.* (4), 506-517.

Kofler, G. (1998). Die Zukunft der audiovisuellen Medien – Ein Ausblick auf die kommenden fünf Jahre. *Medien Dialog,* 7, 14-19.

Kroeber-Riel, W. (1987). Informationsüberlastung durch Massenmedien und Werbung in Deutschland. Messung – Interpretation – Folgen. *Die Betriebswirtschaft, 47,* 257-264.

Krotz, F. (1991). Lebensstile, Lebenswelten und Medien: Zur Theorie und Empirie individuenbezogener Forschungsansätze des Mediengebrauchs. *Rundfunk und Fernsehen, 39,* 317-341.

Krotz, F. (1994). Alleinseher im "Fernsehfluß". Rezeptionsmuster aus dem Blickwinkel individueller Fernsehnutzung. *Media Perspektiven, o. Jg.* (10), 505-516.

Krotz, F. (1998). Öffentlichkeit aus Sicht des Publikums. In O. Jarren & F. Krotz (Hrsg.), *Öffentlichkeit unter Viel-Kanal-Bedingungen* (S. 95-117). Baden-Baden, Hamburg: Nomos.

Krüger, U.M. (1996). Tendenzen in den Programmen der großen Fernsehsender 1985 bis 1995. Elf Jahre Programmanalyse im dualen Rundfunksystem. *Media Perspektiven, o. Jg.* (8), 418-440.

Kubitschke, L. & Trebbe, J. (1992). Zur Ermittlung einer medienübergreifenden Nutzungstypologie. Eine explorative Sekundäranalyse der Media-Analyse 1988. *Media Perspektiven, o. Jg.* (3), 199-212.

Kuhli, M. (2000). Wirtschaftspresse: Wettlauf um den Leser. *Werben und Verkaufen,* 13, S. 202-207.

Livingstone, S. (1996). Die Rezeption von Unterhaltungsangeboten. In U. Hasebrink & F. Krotz (Hrsg.), *Die Zuschauer als Fernsehregisseure? Zum Verständnis individueller Nutzungs- und Rezeptionsmuster* (S. 163-177). Baden-Baden, Hamburg: Nomos.

Livingstone, S. & Lunt, P. (1994). *Talk on television. Audience participation and public debate* (Communication and Society). London, New York: Routledge.

Löffelholz, M. & Altmeppen K.-D. (1994). Kommunikation in der Informationsgesellschaft. In K. Merten, Schmidt, S.J. & S. Weischenberg (Hrsg.), *Die Wirklichkeit der Medien. Eine Einführung in die Kommunikationswissenschaft* (S. 570-591). Opladen: Westdeutscher Verlag.

Lübbe, H. (1996). Netzverdichtung oder das Ende der sogenannten Massengesellschaft. In H. Lübbe & B. Neumann (Hrsg.), *Informationsgesellschaft – Quo vadis?* (Aktuelle Fragen der Politik, Heft 36) (S. 17-26). St. Augustin: Konrad-Andenauer-Stiftung.

Lüdtke, H., Matthäi, I. & Ulbrich-Herrmann, M. (1994). *Technik im Alltagsstil. Eine empirische Studie zum Zusammenhang von technischem Verhalten, Lebensstilen und Lebensqualität privater Haushalte.* Marburg: Institut für Soziologie.

Magidson, J. 1981). Qualitative variance, entropy, and correlation ratios for nominal dependent variables. *Social Science Research, 10,* 177-194.

Maisel, R. (1973). The decline of mass media. *Public Opinion Quarterly, 37,* 159-170.

Maletzke, G. (1976). *Ziele und Wirkungen der Massenkommunikation: Grundlagen und Probleme einer zielorientierten Mediennutzung.* Hamburg: Bredow-Institut.

Maletzke, G. (1980). Integration – Eine gesellschaftliche Funktion der Massenkommunikation. *Publizistik, 25,* 199-205.

Maletzke, G. (1987). Aspekte der Medienzukunft: Wertewandel, Nutzungstrends, Veränderungen im Angebot. In M. Grewe-Partsch & J. Groebel (Hrsg.), *Mensch und Medien: Zum Stand von Wissenschaft und Praxis in nationaler und internationaler Perspektive (zu Ehren von Herta Sturm)* (S. 239-251). München u.a.: Saur.

Mast, C. (1997). Massenkommunikation – quo vadis? Grenzaufhebungen markieren den Weg nach Multimedia. In H. Fünfgeld & C. Mast (Hrsg.), *Massenkommunikation. Ergebnisse und Perspektiven* (S. 213-228). Opladen: Westdeutscher Verlag.

McLeod, J.M., Daily, K., Zhongshi, G., Eveland, W.P. jr., Bayer, J., Yang, S., Wang, H. (1996). Community integration, local media use and democratic processes. *Communication Research, 23*, 179-209.

McQuail, D. (1994). *Mass communication theory. An introduction* (3. Auflage). London: Sage.

McQuail, D. (1997). *Audience analysis*. London: Sage.

Meder, A. (1998). *Integration und Fragmentierung durch Massenmedien. Gesellschaftliche Folgen der Differenzierung des Mediensystems.* Unveröffentlichte Diplomarbeit an der Wirtschafts-und Sozialwissenschaftlichen Fakultät der Friedrich-Alexander-Universität Erlangen-Nürnberg. Nürnberg.

Media Perspektiven. (1985). *Daten zur Mediensituation in der Bundesrepublik. Basisdaten 1985.* Frankfurt am Main.

Media Perspektiven. (1991). *Daten zur Mediensituation in Deutschland. Basisdaten 1991.* Frankfurt am Main.

Media Perspektiven. (1993). *Daten zur Mediensituation in Deutschland 1993. Basisdaten.* Frankfurt am Main.

Media Perspektiven. (1994). *Basisdaten. Daten zur Mediensituation in Deutschland 1994.* Frankfurt am Main.

Media Perspektiven. (1997). *Basisdaten. Daten zur Mediensituation in Deutschland 1997.* Frankfurt am Main.

Medienpädagogischer Forschungsverbund Südwest. (Hrsg.) (1998). *JIM 98. Jugend Information und Multimedia. Dokumentation.* Baden-Baden.

Medienpädagogischer Forschungsverbund Südwest & Fraunhofer Institut Systemtechnik und Innovationsforschung. (Hrsg.) (1998). *Mediennutzung der Zukunft im privaten Sektor. Dokumentation.* Karlsruhe.

Meurs, A. van. (1999). *Switching during commercial breaks.* Universiteit van Amsterdam: Academisch Proefschrift.

Meyn, H. (1996). *Massenmedien in der Bundesrepublik Deutschland.* Berlin: Edition Colloquium.

Merrill, J.C. & Lowenstein, R.L. (1971). *Media message and men. New Perspectives in communication.* New York.

Mikos, L. (1994). *Fernsehen im Erleben der Zuschauer. Vom lustvollen Umgang mit einem populären Medium.* Berlin, München: Quintessenz.

Morley, D. (1996). Medienpublika aus der Sicht der Cultural Studies. In U. Hasebrink & F. Krotz (Hrsg.), *Die Zuschauer als Fernsehregisseure? Zum Verständnis individueller Nutzungs- und Rezeptionsmuster* (S. 37-51). Baden-Baden, Hamburg: Nomos.

Morris, M. & Ogan, C. (1996). The Internet as mass medium. *Journal of Communication, 46*(1), 39-50.

Müller, A. (1999). *Von der Parteiendemokratie zur Mediendemokratie: Beobachtungen zum Bundestagswahlkampf 1998 im Spiegel früherer Erfahrungen.* Opladen: Leske und Budrich.

Münch, R. (1998). *Globale Dynamik, lokale Lebenswelten. Der schwierige Weg in die Weltgesellschaft.* Frankfurt am Main: Suhrkamp.

Negroponte, N. (1995). *Being digital.* New York: Knopf.

Neuer Quantensprung. (1998, 11. Mai). *Medienspiegel,* S. 3.

Neuman, W.R. (1991). *The future of mass audience.* Cambridge: University Press.

Niesel, M. (1998). Öffentlichkeit unter Vielkanal-Bedingungen. Zur Differenzierung von Mediennutzung. In O. Jarren & F. Krotz (Hrsg.), *Öffentlichkeit unter Viel-Kanal-Bedingungen* (S. 118-130). Baden-Baden, Hamburg: Nomos.

Noam, E.M. (1996). *Cyber-TV. Thesen zur dritten Fernsehrevolution.* Gütersloh: Verlag Bertelsmann Stiftung.

Perse, E., Ferguson, D.A. & McLeod, D.M. (1994). Cultivation in the newer media environment. *Communication Research, 21,* 79-104.

Plog, J. (1994). Soziale Kommunikation und Gemeinwohl. *Media Perspektiven, o. Jg.* (6), 262-267.

Presse- und Informationsamt der Bundesregierung (Hrsg.) (1994). *Bericht der Bundesregierung über die Lage der Medien in der Bundesrepublik Deutschland 1994. Medienbericht `94.* Bonn: Bonner Universitäts-Druckerei.

Presse- und Informationsamt der Bundesregierung (Hrsg.) (1998). *Bericht der Bundesregierung über die Lage der Medien in der Bundesrepublik Deutschland 1998. Medienbericht `98.* Bonn. Bonner Universitäts-Druckerei.

Reimer, B. (1994). *The most common of practices on mass media use in late modernity.* Stockholm: Almqvist & Wiksell International.

Reuters (Hrsg.) (1997). *Glued to the screen. An investigation into information addiction worldwide.* London.

Rittmann, R. (2000). Wirtschaftspresse: Reichtum auf Rezept. *Werben und Verkaufen,* 13, S. 194.

Rössler, P. (1997). Die Definitionsmacht für Themen des politischen Diskurses in einer veränderten Kommunikationswelt. Agenda-Setting und die Individualisierungstendenzen im Online-Zeitalter – ein Szenario. In H. Schatz, O. Jarren & B. Knaup (Hrsg.), *Machtkonzentration in der Multimediagesellschaft? Beiträge zu einer Neubestimmung des Verhältnisses von politischer und medialer Macht* (S. 78-97). Opladen: Westdeutscher Verlag.

Rogers, E.M. (1983). *Diffusion of innovations* (3. Auflage.). New York, London: Free Press.

Ronneberger, F. (1985). Integration durch Massenkommunikation. In U. Saxer (Hrsg.), *Gleichheit oder Ungleichheit durch Massenmedien? Homogenisierung - Differenzierung der Gesellschaft durch Massenkommunikation* (Schriftenreihe der DGPuK, Band 10) (S. 3-18). München: Ölschläger.

Rothenbuhler, W., Mullen, L.J., De Carell, R. & Ryan, C.R. (1996). Community, community attachment, and involvement. *Journalism Quarterly, 73,* 445-466.

Rühl, M. (1985). Integration durch Massenkommunikation? Kritische Anmerkungen zum klassischen Integrationsbegriff. In U. Saxer (Hrsg.), *Gleichheit oder Ungleichheit durch Massenmedien? Homogenisierung – Differenzierung der Gesellschaft durch Massenkommunikation* (Schriftenreihe der DGPuK, Band 10) (S. 19-32). München: Ölschläger.

Ruhrmann, G. & Nieland, J.-U. (1997). *Interaktives Fernsehen. Entwicklungen, Dimensionen, Fragen, Thesen.* Opladen: Westdeutscher Verlag.

Saxer, U. (1985). Vorwort. In U. Saxer (Hrsg.), *Gleichheit oder Ungleichheit durch Massenmedien? Homogenisierung – Differenzierung der Gesellschaft durch Massenkommunikation* (Schriftenreihe der DGPuK, Band 10) (S. IX-XXI). München: Ölschläger.

Saxer, U. (1989). *Kommunikationsverhalten und Medien: Lesen in der modernen Gesellschaft.* Gütersloh: Verlag Bertelsmann Stiftung.

Schatz, H. (1992). Auf dem Prüfstand. Zur Weiterentwicklung der Konvergenzhypothese. *Medium,* 1, 49-52.

Schatz, H., Jarren, O. & Knaup, B. (1997). *Machtkonzentration in der Multimediagesellschaft? Beiträge zu einer Neubestimmung des Verhältnisses von politischer und medialer Macht.* Opladen: Westdeutscher Verlag.

Schenk, M., Dahm, H. & Sonje, D. (1996). *Innovationen im Kommunikationssystem. Eine empirische Studie zur Diffusion von Datenfernübertragung und Mobilfunk.* Münster: Lit Verlag.

Schönbach, K. (1983). *Das unterschätzte Medium: Politische Wirkungen von Presse und Fernsehen im Vergleich.* München: Saur.

Schönbach, K. (1992). Transaktionale Modelle der Medienwirkung: Stand der Forschung. In W. Schulz (Hrsg.), *Medienwirkungen. Einflüsse von Presse, Radio und Fernsehen auf Individuum und Gesellschaft* (S. 109-119). Weinheim: VCH, Acta Humaniora.

Schönbach, K. (1994, 14. Oktober). „Die Insel des Universellen“: Klaus Schönbach über die Vorzüge der alten Dampfzeitung. *Horizont,* S. 116.

Schönbach, K. (1997a). Das hyperaktive Publikum – Essay über eine Illusion. *Publizistik, 42,* 279-286.

Schönbach, K. (1997b). *Zeitungen in den Neunzigern: Faktoren ihres Erfolgs. 350 Tageszeitungen auf dem Prüfstand.* Bonn: ZV Zeitungs-Verlag Service GmbH.

Schönbach, K. & Früh, W. (1984). Der dynamisch-transaktionale Ansatz II: Konsequenzen. *Rundfunk und Fernsehen, 32,* 314-329.

Schönbach, K. & Becker, L.B. (1989). The audience copes with plenty: Patterns of reactions to media changes. In L.B. Becker & K. Schönbach (Hrsg.), *Audience responses to media diversification: Coping with plenty* (S. 353-366). Hillsdale, New Jersey: Lawrence Erlbaum Associates.

Schönbach, K. & Eichhorn, W. (1992). *Medienwirkung und ihre Ursachen: Wie wichtig sind Zeitungsberichte und Leseinteressen?* Konstanz: Universitäts-Verlag.

Schönbach, K. & Lauf, E. (1998). Soziodemographische Bestimmungsgründe des Zeitungslesens in den USA und in Westdeutschland, 1974-96: Distinktion und Integration? In C. Holtz-Bacha (Hrsg.), *Wie die Medien die Welt erschaffen und wie die Menschen darin leben* (S. 205-229). Opladen: Westdeutscher Verlag.

Schönbach, K. & Peiser, W. (1998). Was wird aus dem Zeitunglesen? In W. Klingler, G. Roters & M. Gerhards (Hrsg.), *Medienrezeption seit 1945. Forschungsbilanz und Forschungsperspektiven* (S. 103-112). Baden-Baden: Nomos.

Schönbach, K., Lauf, E. & Peiser, W. (1999). Wer liest wirklich Zeitung? Eine explorative Untersuchung. *Publizistik, 44,* 131-148.

Schulz, W. (1976). *Die Konstruktion von Realität in den Nachrichtenmedien. Analyse der aktuellen Berichterstattung.* Freiburg, München: Alber.

Schulz, W. (1993). Medienwirklichkeit und Medienwirkung. Aktuelle Entwicklungen der Massenkommunikation und ihre Folgen. *Aus Politik und Zeitgeschichte (Beilage zur Wochenzeitung Das Parlament),* B 40, S. 16-26.

Schulz, W. (1997a). Probleme der Medienexpansion als Forschungsthema: Umwertung der Nachrichtenwerte, Fragmentierung der Nutzung und Wirklichkeitsverlust. *Publizistik, 42,* S. 83-89.

Schulz, W. (1997b). Nachricht. In E. Noelle-Neumann, W. Schulz & J. Wilke (Hrsg.), *Das Fischer Lexikon: Publizistik Massenkommunikation* (S. 307-337). München: Fischer Taschenbuch Verlag.

Schulz, W. (1998). In der expandierenden Medienöffentlichkeit verdüstert sich das Bild der Politik. Folgen der Informationsnutzung unter Vielkanalbedingungen. In O. Jarren & F. Krotz (Hrsg.), *Öffentlichkeit unter Viel-Kanal-Bedingungen* (S. 62-92). Baden-Baden, Hamburg: Nomos.

Schulz, W. (1999). Fernsehen und sozialer Wandel: Untersuchungen zur Integrations- und Fragmentierungsthese. In J. Wilke (Hrsg.), *Massenmedien und Zeitgeschichte* (Schriftenreihe der DGPuK, Bd. 26) (S. 90-105). Konstanz: UVK Medien.

Schulz, R. (1990). Zur Entwicklung der Zeitungsreichweiten in den 80er Jahren. In Bundesverband Deutscher Zeitungsverleger e.V. (Hrsg.), *Zeitungen '90* (S. 159-179). Bonn.

Schulze, G. (1995). *Die Erlebnis-Gesellschaft – Kultursoziologie der Gegenwart.* Frankfurt am Main: Campus-Verlag.

Shannon, C.E. & Weaver, W. (1959). *The mathematical theory of communication.* Urbana: University of Illinois Press.

Shaw, D.L. & Martin, S.E. (1992). The function of mass media agenda setting. *Journalism Quarterly, 69*(4), 902-920.

Sichtermann, B. (1996). Hundert Kanäle und kein Ende. *ZEIT Punkte*, 5, 26-29.

Spiller, I. (1998). PC weiter auf dem Vormarsch. *Medienspiegel, 22,* S. 4.

Stamm, K.R. (1985). *Newspaper use and community ties.* Norwood, NJ: Ablex.

Stegbauer, C. & Rausch, A. (1999). *Fragmentierung oder Integration – Untersuchung zur thematischen Überschneidung von Mailinglists.* Universität Frankfurt: Unveröffentlichtes Manuskript.

Stipp, H. (1998). Wird der Computer die traditionellen Medien ersetzen? *Media Perspektiven, o. Jg.* (2), S. 76-82.

Stolte, D. (1997). *Bleibt Fernsehen Fernsehen? Ein Diskussionspapier zu den Veränderungen des Fernsehens in einem sich verschärfenden multimedialen Wettbewerb* (ZDF-Schriftenreihe, Heft 52). Mainz.

Stolte, D. (1998a). "Auf dem Weg in eine Wissensgesellschaft." *epd medien* (epd-Dokumentation), 58, 17-23.

Stolte D. (1998b). Kommunikation und öffentlicher Rundfunk. Über die unverbrüchlichen Aufgaben in der künftigen Mediengesellschaft. *Funkkorrespondenz,* 39, 3-9.

Stolte, D. & Rosenbauer, H. (1995). Die doppelte Öffentlichkeit. *Media Perspektiven, o. Jg.* (8), S. 358-361.

Sutor, S. (1999). Rätselhaftes Hörfunk-Zapping. *Werben und Verkaufen,* 17, S. 125.

Theil, H. (1969). The desired political entropy. *The American Political Science Review, 63,* 521-525.

Theis-Berglmair, A.M. (1998). "Transformation" oder "Auflösung" von Öffentlichkeit durch veränderte mediale Bedingungen? In O. Jarren & F. Krotz (Hrsg.), *Öffentlichkeit unter Viel-Kanal-Bedingungen* (S. 153-157). Baden-Baden, Hamburg: Nomos.

Tichenor, P.J., Donohue, G.A. & Olien, C.N. (1970). Mass media flow and differential growth in knowledge. *Public Opinion Quarterly, 34,* 159-170

Titelthema: Special Intererest. (2000). *Mediafacts* (Beilage zur Zeitschrift Horizont), 2, S. 30.

Toffler, A. (1980). *Die Zukunftschance. Von der Industriegesellschaft zu einer humaneren Zivilisation.* München: Bertelsmann.

Vogelgesang, W. (1997). Jugendliches Medienhandeln: Szenen, Stile, Kompetenzen. *Aus Politik und Zeitgeschichte* (Beilage zur Wochenzeitung Das Parlament), B 19-20, S. 13-27.

Vollbrecht, R. (1988). Rock und Pop – Versuche der Wiederverzauberung von Welt. Individualisierungstendenzen im Medienkonsum und ihre Konsequenzen. Sinnstiftung und Identitätsbildung im Jugendalter. In *Jugendzeit – Medienzeit* (S. 72-93). Weinheim: Juventa.

Wahrig, G., Wahrig-Burfeind, R. & Ludewig, W. (1994). *Deutsches Wörterbuch* (umfassende Neubearbeitung). Gütersloh: Bertelsmann Lexikon Verlag.

Webster, J.G. (1986). The television audience. Audience behavior in the new media environment. *Journal of Communication, 36,* 77-91.

Webster, J.G. (1989). Television audience behavior: patterns of exposure in the new media environment. In J.L. Salvaggio & J. Bryant (Hrsg.), *Media use in the information age: emerging paterns of adoption and consumer use* (S. 197-216). Hillsdale, New Jersey: Lawrence Erlbaum Associates.

Webster, J.G. (1997). *The mass audience: Rediscovering the dominant model.* New Jersey: Lawrence Erlbaum Associates.

Webster, J.G (1998). The audience. *Journal of broadcasting and eletronic media ,42,* 190-207.

Weiß, R. & Hasebrink, U. (1995). *Hörertypen und ihr Medienalltag. Eine Sekundärauswertung der Media-Analyse '94 zur Radiokultur in Hamburg.* Berlin: Vistas.

Werbewirtschaft will kein zweites Quoten-Meßsystem. (1998, 14. November). *epd medien,* 89, 14-15.

Wilke, J. (1996). Massenmedien im Spannungsfeld von Grundwerten und Wertkollisionen. In C. Mast (Hrsg.), *Markt – Macht – Medien. Publizistik zwischen gesellschaftlicher Verantwortung und ökonomischen Zielen* (S. 17-33). Konstanz: UVK Medien.

Willis, J. (1994). *The age of multimedia and turbonew.* Westport, CT: Praeger.

Winterhoff-Spurk, P. (1996). Individuelles Informationsmanagement: Psychologische Aspekte der Medienkompetenz. In M. Jäckel & P. Winterhoff-Spurk (Hrsg.), *Mediale Klassengesellschaft? Politische und soziale Folgen der Medienentwicklung* (S. 177-195). München: Fischer.

Wirtschaftstitel: Die Hochkonjunktur der Wirtschaftspresse führt zu einer starken Differenzierung der Angebote. Frohe Kunde für Business-Angels. (2000, 30. März). *Horizont,* 13, S. 65.

Wishart, D. (1999). *Clustering methods for large data problems.* Paper presented at ISI 99, 52nd Session of the International Statistical Institute. Helsinki (23rd August 1999).

Wober, J.M. (1989). The U. K.: The constancy of audience behavior. In L.B. Becker & K. Schönbach (Hrsg.), *Audience responses to media diversification: Coping with plenty* (S. 91-107). Hillsdale, New Jersey: Lawrence Erlbaum Associates.

Wöste, M. (1999). Öffentlich-rechtliches Fernsehen: Für Jugendliche nicht jung genug? Nutzungsverhalten und Präferenzen junger Leute beim Fernsehen. *Media Perspektiven, o. Jg.* (11), 583-590.

Zillmann, D. & Bryant, J. (Hrsg.). (1985). *Selective exposure to communication.* Hillsdale, New Jersey: Lawrence Erlbaum Associates.

Zipfel, T. (1998). Online-Medien und politische Kommunikation im demokratischen System. In L.M. Hagen (Hrsg.), *Online-Medien als Quelle politischer Information. Empirische Untersuchungen zur Nutzung von Internet und Online-Diensten* (S. 20-53). Opladen, Wiesbaden: Westdeutscher Verlag.

Zubayr, C. & Gerhard, H. (1998). Die Fußball-Weltmeisterschaft 1998 in Frankreich. Rezeption und Bewertung der Sportberichterstattung im Fernsehen. *Media Perspektiven, o. Jg.* (12), 594-599.